만화로 보는 우주탐사 이야기
우주 라이크 유니버스

우주 라이크 유니버스

초판 1쇄 발행 2025년 1월 20일

지은이 비둘기덮밥

펴낸이 조기흠
총괄 이수동 / **책임편집** 최진 / **기획편집** 박의성, 유지윤, 이지은 / **감수** 강성주
마케팅 박태규, 임은희, 김예인, 김선영 / **제작** 박성우, 김정우
디자인 이슬기

펴낸곳 한빛비즈(주) / **주소** 서울시 서대문구 연희로2길 62 4층
전화 02-325-5506 / **팩스** 02-326-1566
등록 2008년 1월 14일 제 25100-2017-000062호

ISBN 979-11-5784-786-0 03440

이 책에 대한 의견이나 오탈자 및 잘못된 내용은 출판사 홈페이지나 아래 이메일로 알려주십시오.
파본은 구매처에서 교환하실 수 있습니다. 책값은 뒤표지에 표시되어 있습니다.

🏠 hanbitbiz.com ✉ hanbitbiz@hanbit.co.kr 📘 facebook.com/hanbitbiz
📝 post.naver.com/hanbit_biz ▶ youtube.com/한빛비즈 📷 instagram.com/hanbitbiz

Published by Hanbit Biz, Inc. Printed in Korea
Copyright © 2025 비둘기덮밥 & Hanbit Biz, Inc.
이 책의 저작권은 비둘기덮밥과 한빛비즈(주)에 있습니다.
저작권법에 의해 보호를 받는 저작물이므로 무단 복제 및 무단 전재를 금합니다.

지금 하지 않으면 할 수 없는 일이 있습니다.
책으로 펴내고 싶은 아이디어나 원고를 메일(hanbitbiz@hanbit.co.kr)로 보내주세요.
한빛비즈는 여러분의 소중한 경험과 지식을 기다리고 있습니다.

만화로 보는 우주탐사 이야기 비둘기덮밥 글·그림

우주 라이크 유니버스

한빛비즈
Hanbit Biz, Inc

우주라는 건 참 신기한 분야인 것 같습니다.

많은 사람들이 그 신비로움을 좋아하지만

아무도 그 이상의 관심을 갖지 않아요.

*아인슈타인 방정식과 슈뢰딩거 방정식

심지어 천문학을 배우러 대학에 온 사람들조차
대다수가 천문학의 이면을 마주한 후 도망치죠.

그래서 준비했습니다.

여러분에게 천문학의 색다른 재미를 알려주기 위해
작가가 좋아하는 것만 집어넣은 본격 천문우주 잡탕 만화!

차례

프롤로그 004

1화	**뜯어봐요, 블랙홀**	009
	잠깐상식 영화 〈인터스텔라〉의 블랙홀	034
2화	**찍어봐요, 블랙홀**	035
	잠깐상식 인공지능이 만든 블랙홀 사진	062
3화	**'제임스 웹'이라고 합니다**	063
	잠깐상식 우주망원경도 A/S가 되나요?	088
4화	**제임스 웹의 끝내주는 사진들**	089
	잠깐상식 우주망원경 패밀리	114
5화	**'플라이 미 투 더 문'의 이야기**	115
	잠깐상식 블러드문, 블루문, 슈퍼문	140
6화	**한국의 첫 달 궤도선, 다누리 이야기**	141
	잠깐상식 마주 보는 달	162
7화	**인류는 왜 자꾸 달에 가려고 하는가?**	163
	잠깐상식 동양과 서양의 달	187
8화	**행성이 되는 기준에 대하여**	189
	잠깐상식 명왕성의 행성 자격 박탈, 그리고 뒷이야기 1	210

9화   명왕성은 행성이 될 수 있을까?   211
     `잠깐상식` 명왕성의 행성 자격 박탈, 그리고 뒷이야기 2   235

10화   지구를 지키는 과학자들   237
     `잠깐상식` 전부 같은 돌은 아니라고요   261

11화   제임스 웹이 바라본 어린 우주   263
     `잠깐상식` 제임스 웹과 현대 우주론   287

12화   언제쯤 화성에서 살 수 있을까?   289
     `잠깐상식` 붉은 행성의 색다른 하늘   311

13화   골디락스 존은 외계 생명의 꿈을 꾸는가   313
     `잠깐상식` 지구는 언제까지 생명의 터전으로 남을 수 있을까?   345

14화   얼어붙은 세계는 외계 생명의 꿈을 꾸는가   347
     `잠깐상식` 자연이 선물한 극한의 실험실, 남극   375

15화   우주 라이크 유니버스   377

에필로그 394   인명 색인 396   참고문헌 401

1화

뜯어봐요, 블랙홀

과학자들은 정말로 '보이지 않는 것'을 보았고,
이는 실로 놀라운 사건이었습니다.

그래요, 표현은 조금 애매한 듯하지만
틀린 말은 아닙니다.

우리가 물체를 보기 위해서는 물체의 빛이 눈으로 들어오거나

아악, 내 눈!

물체가 반사한 빛이 눈으로 들어와야 합니다

이것이 '본다'는 것이죠.

그런데 말이죠. 우리 우주에는 이런 천체가 있습니다.

빛을 내보내지도 않고, 빛을 반사하지도 않고, 모든 것을 빨아들이는 천체.

바로 '블랙홀'이라는 천체입니다.

블랙홀의 존재는 사실
꽤 오래전부터 예견되었는데요.

1783년 존 미첼은 이런 생각을 합니다.

지구는 달을 붙잡아두고,
태양은 지구를 붙잡아둡니다.

그럼 빛을 붙잡는 별도 있을까요?

이것이 검은 별의 탄생이었습니다.

이후 공대생들이 사랑하는 라플라스도
비슷한 생각을 한 적이 있지만

전자기학이 등장하자
이 상상은 공상이 되었습니다.

전자기학의 대가 맥스웰에 따르면,
빛은 중력의 영향을 받지 않았거든요.

그렇게 검은 별은 한때의 공상으로 사라지…

…지 않았습니다!
아인슈타인의 상대성 이론은
빛도 중력에 의해 휠 수 있다고 말했죠.

(실제로 아인슈타인은 맥스웰을 무척 존경했다.)

여기에 더해 독일의 카를 슈바르츠실트는
아인슈타인의 상대성 이론을 바탕으로
검은 별의 정확한 크기를 구해냈습니다.

이 크기를 그의 이름을 따
'슈바르츠실트 반지름(Rs)'이라 부르는데요.

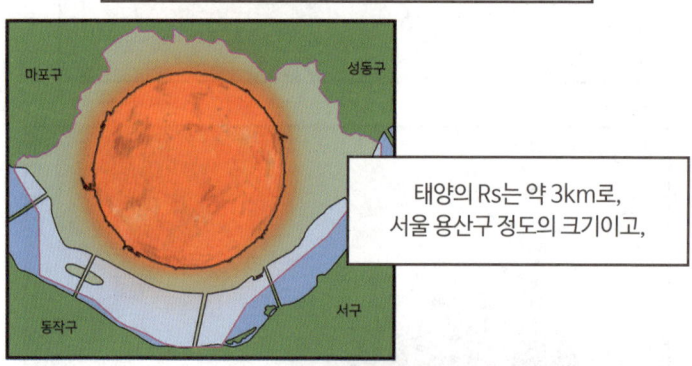

태양의 Rs는 약 3km로,
서울 용산구 정도의 크기이고,

지구의 Rs는 9mm로
동전만 한 크기입니다.

음… 그런데 말이죠. 그 큰 태양이나 지구가
저렇게 작아진다는 게 말이 되는 일일까요?

네, 물론 말이 됩니다.
별에는 두 가지 중요한 힘이 균형을 이루고 있는데

안으로 누르는 중력

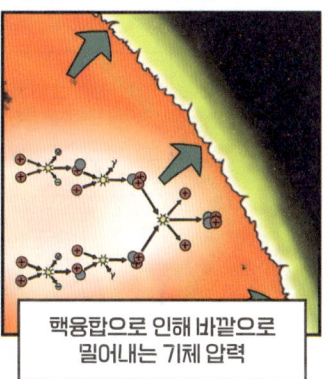

핵융합으로 인해 바깥으로
밀어내는 기체 압력

평소에 이 둘은 균형을 이루고 있습니다.

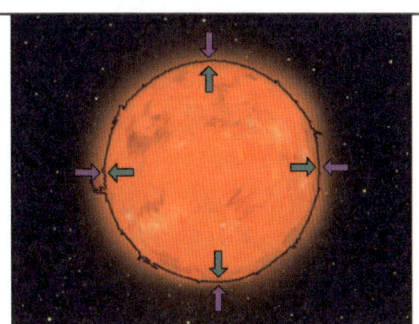

하지만 별에서 핵융합이 멈추면
두 힘의 균형이 깨집니다.

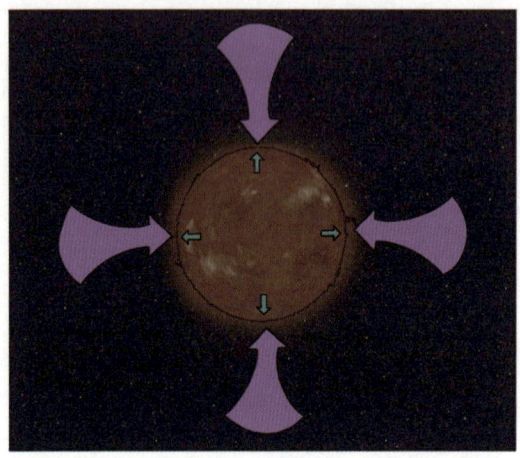

하지만 이렇게 수축하는 별이
모두 블랙홀이 되지는 않습니다.

별 중에서도 특히 무거운,
헤비급은 되어야 하죠.

블랙홀이 되느냐 못 되느냐는
별의 질량이 결정하는 것입니다.

그리고 이 기준을 알아낸 사람은
인도의 찬드라세카르.

그는 무려 19세의 나이에 이 값을
거의 정확하게 계산해냈습니다.

블랙홀이라는 천체는 그 극단적인 성질 때문에
많은 과학자들의 관심을 받았는데요.

우리에게 원자폭탄으로 더 유명한
오펜하이머도 한때 블랙홀을 연구한 적 있지요.

그리고 1962년 존 휠러에 의해
마침내 '블랙홀'이라는 이름이 붙여집니다.

블랙홀에 대한 연구가 이어지면서

과학자들은 블랙홀이 생각보다 단순한
천체라는 사실을 알아냈습니다.

이 세 가지 요소만으로 블랙홀을
구분할 수 있을 정도였죠.

물론 단순하다는 것이
이해하기 쉽다는 뜻은 아니지만요.

그러니 우리는
셋 중 질량에만 집중해봅시다.

그중에서도 2020년 노벨상의 주역,
초대질량 블랙홀에 말이죠.

이야기는 2000년대 초반으로 거슬러 올라갑니다.

켁 망원경의 안드레아 게즈와
막스플랑크 연구소의 라인하르트 겐첼은
신기한 현상을 발견하는데요.

우리은하 중심의 천체들이 이상하리만치
빠르게 움직이는 것이었습니다.

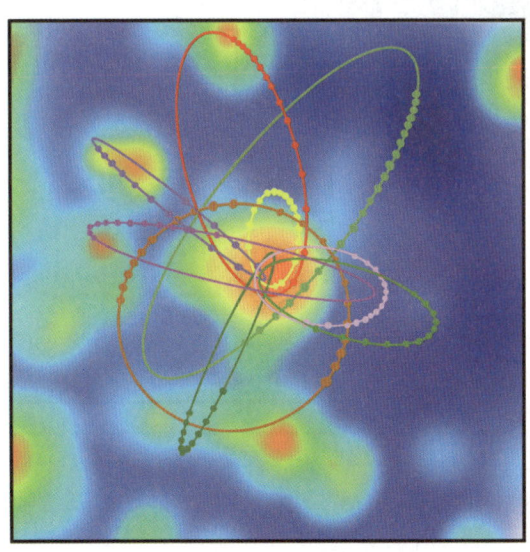

방금 전만 해도 블랙홀은 별이 균형을 잃고 붕괴한 결과라고 했는데

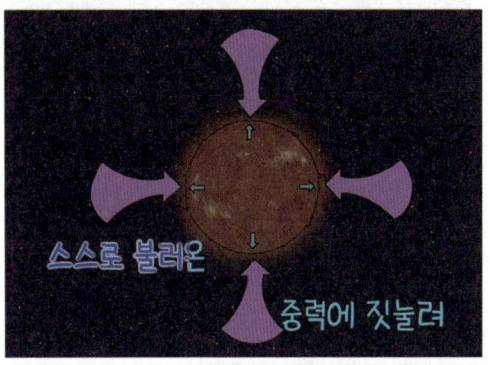

스스로 불레온

중력에 짓눌려

태양보다 수백만, 수백억 배 무거운 블랙홀은 얼마나 거대한 별의 죽음으로 탄생했을까요?

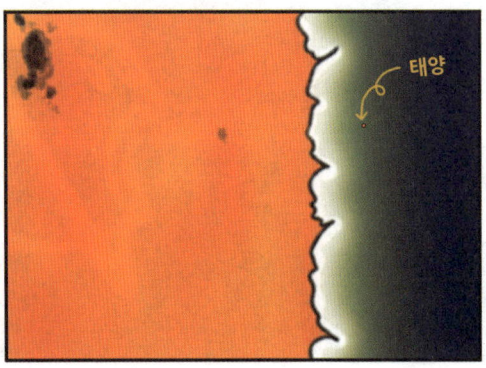

태양

이것은 아직도 천문학계의
미스터리 중 하나인데요.

사실 초대질량 블랙홀을 만들 만큼
거대한 별은 존재하지 않습니다.

그렇다면 작은 블랙홀이
점점 성장해서 은하 중심의 블랙홀로
진화했다고 봐야 할까요?

하지만 이 가설도 명쾌하진 않습니다.
만약 블랙홀이 성장한다면

작은 블랙홀과 초대질량 블랙홀 사이
성장기의 블랙홀이 있어야 합니다.

중간 단계 블랙홀…

미싱 링크 같은 표현이구먼.

흠, 진화론 부정론자들이 주장하는
미싱 링크와 개념적으로 비슷하긴 하네요.

미싱 링크가 하나둘 발견됐듯이
중간 질량 블랙홀도 그 증거가 하나둘 나오고 있습니다.

대표적으로 중력파!

2019년 레이저간섭중력파관측소(LIGO)에서 검출된 중력파는
두 블랙홀의 융합에서 나온 파동이었습니다.

각각 85와 66 태양질량의 블랙홀이 합쳐져
142 태양질량의 블랙홀이 되었죠.

또 몇몇 소형은하나 구상성단의 중심에도
중간 질량 블랙홀이 있을 것으로 추측됩니다.

좋은 예로 NGC 4395의 중심에는 30만 태양질량의
블랙홀이 있다고 하네요.

©NASA/IPAC EXTRAGALATIC DATABASE

이 만화를
웹 연재할 때는
이게 전부였는데…

에… 그런데 말이죠.
몇 가지
새로운 소식이
더 있더라고요.

사실 초대질량 블랙홀의 형성과 진화가 미스터리였던 이유 중 하나는 초기 우주에도 있습니다.

지금까지의 초기 우주 관측 결과에 따르면 초대질량 블랙홀만 존재했는데요.

블랙홀이 성장할 시간이 부족한 초기 우주에서
초대질량 블랙홀만 발견된다면

이건 성장의 결과라기보다
처음부터 이렇게 태어났다고 봐야죠.

그런데 제임스 웹이
최근 완전히 새로운 가능성을 제시했습니다.

웹이 관측한 초기 우주에서는
비교적 작은 블랙홀이 많이 발견됐는데

안에 블랙홀이 있잖아!

여태껏 작은 블랙홀을 보지 못한 것은
그 정도 기술력이 없었기 때문이었죠.

[인정을 해, 안 해?
너희 성능 안 좋아서 (관측) 못 했잖아. 인정해, 안 해?

첫 화에서 웹의 활약이 기대된다고 했는데
벌써 이 정도라니, 정말 대단하지요.

그럼 이제 블랙홀에 대한 정보는
충분히 알아본 것 같으니

다음으로
2020년 물리학계 최고의 이슈였던
블랙홀 사진의 비밀을 알아봅시다.

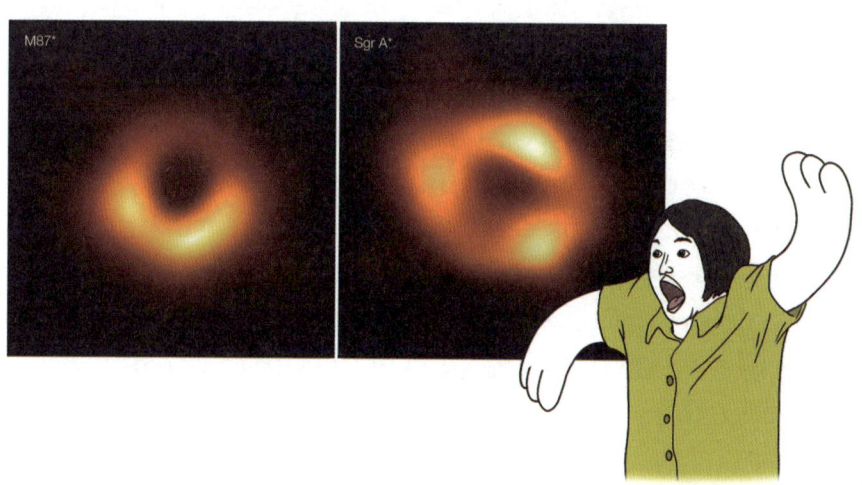

보이지 않는 별이라면서
어떻게 이미지를 얻은 것일까요?

인류가 처음 얻은 블랙홀은
어떤 모습이었을까요?

잠깐 상식

영화 〈인터스텔라〉의 블랙홀

영화 <인터스텔라>에는 '가르강튀아'라는 이름의 블랙홀이 등장합니다. 얼마나 중력이 강한지 이 블랙홀 주위에 있는 밀러 행성에서 1시간이 흐를 동안 지구에서는 7년이 흐를 정도이죠. 이런 행성이 실제 존재할 수 있을까요?

영화의 자문을 맡은 킵 손은 밀러 행성이 블랙홀의 중력에 충분한 영향을 받으면서 행성이 부서지거나 블랙홀에 빨려 들지 않게 하기 위해 가르강튀아의 질량과 회전 속도를 절묘하게 계산했습니다. 그 결과, 가르강튀아의 지름은 태양에서 지구까지의 거리 정도였고, 회전 속도는 광속에 가까워졌습니다. 킵 손은 이를 두고 우리 우주에 이런 블랙홀이 있을 확률은 극히 낮을 것이라 말했습니다.

또 인듀어런스호에서 밀러 행성까지 레인저호를 타고 왕복하기 위해서는 어마어마한 가속과 감속이 필요했는데 이를 위해 가르강튀아를 도는 작은 블랙홀을 더 만들어야 했죠. 하지만 크리스토퍼 놀란 감독이 '블랙홀이 너무 많다'고 불만을 토로해 이 중 하나는 중성자별로 바뀌었습니다. 그렇게 영화에는 블랙홀 하나, 중간 질량 블랙홀 하나, 중성자별 하나, 그리고 주위를 도는 행성들로 이루어진 계가 등장하게 되었습니다. 이는 영화적 설정에 맞추기 위해 여러 극단적 상황을 가정한 '거의 불가능한' 계이죠. 그러니 영화는 영화로만 보도록 합시다.

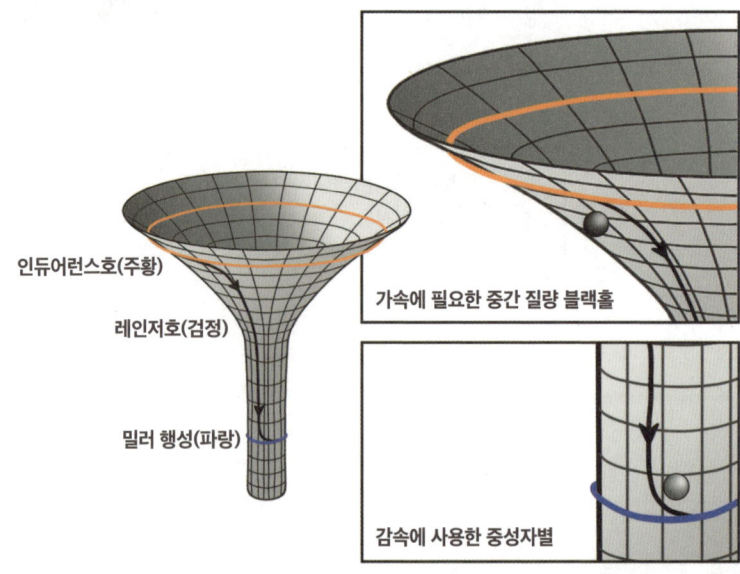

2화

찍어봐요,
블랙홀

하지만 별로 가득한 은하 중심에서
블랙홀을 찾아내 찍는 것은
쉬운 일이 아니었죠.

이런 불가능한 임무에 도전한 이가 있었는데,
그의 이름은 셰퍼드 돌먼이었습니다.

그런데 이야기를 시작하기 전에
뭔가 걸리는 부분이 있네요.

블랙홀은 모든 빛을 빨아들여 '본다'는 개념이
성립하지 않는 천체입니다.

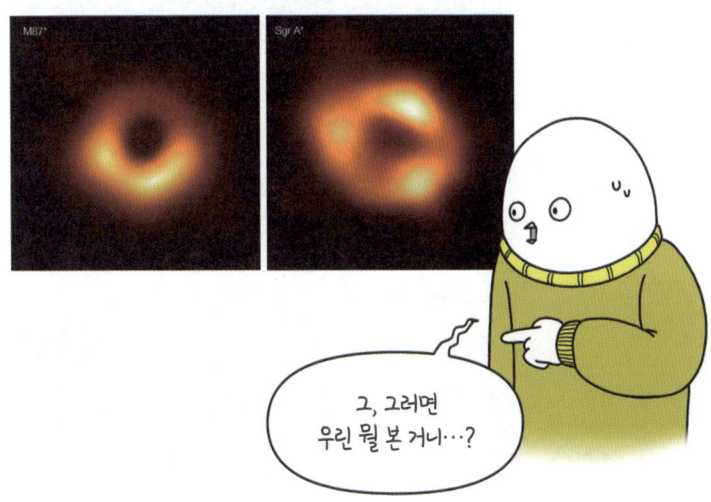

그, 그러면
우린 뭘 본 거니…?

사실 저 이미지는 진짜 블랙홀이 아닙니다.
정확히 말하면 블랙홀의 그림자죠.

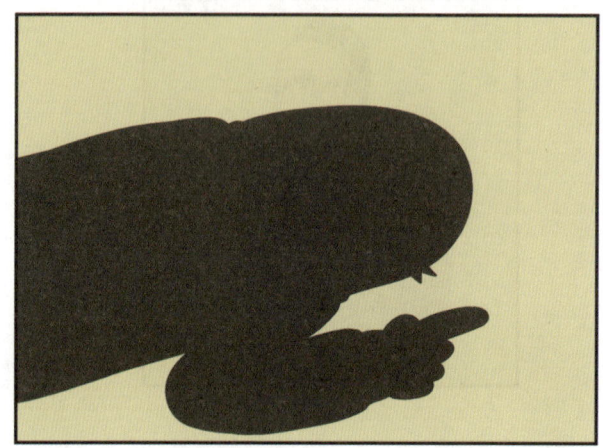

그럼 어떻게 그림자가 생기냐?
블랙홀은 너무나 큰 중력을 갖고 있어서
주변 시공간을 크게 왜곡합니다.

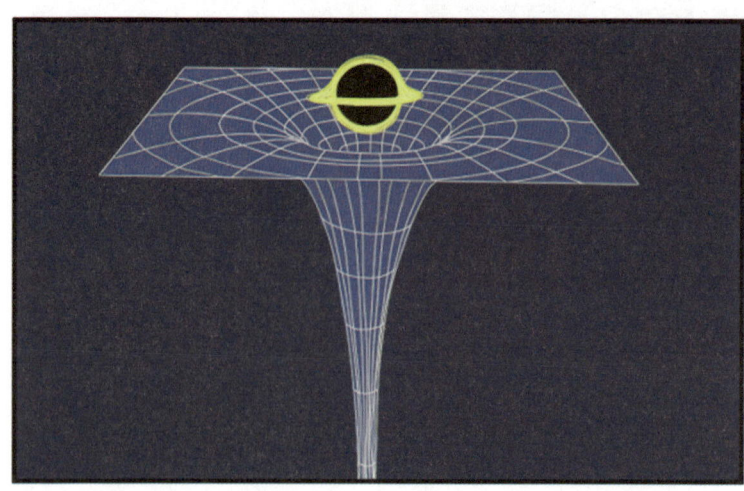

이 때문에 사건 지평선 안으로 나아가는 빛들은
그 속으로 빨려 들어가게 됩니다.

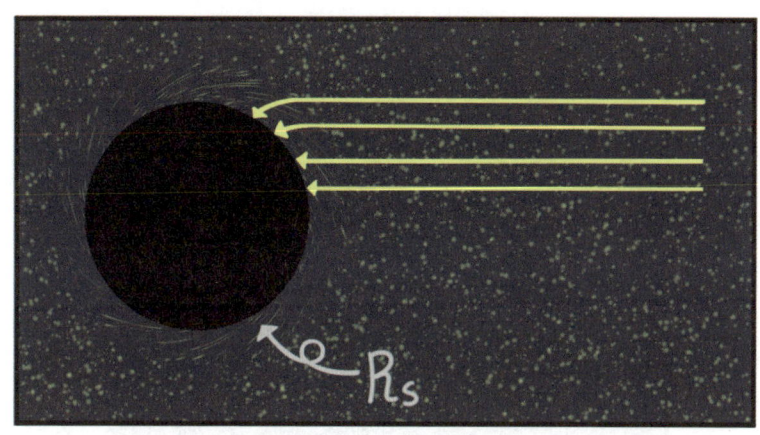

사건 지평선에서
조금 떨어진 곳을 지나가도
왜곡된 시공간에 의해 결국엔 붙잡히는데

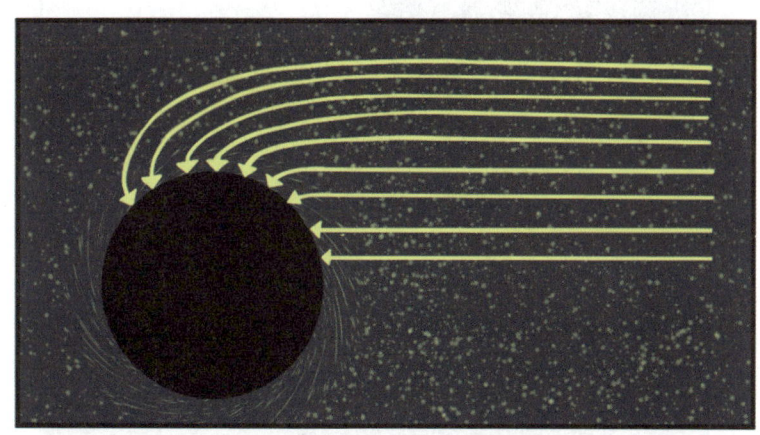

정확히 그 반지름의 27/2배가 되는 거리에서 빛은 사건 지평선으로 빨려 들어가지 않습니다.

대신 그 주위를 돌죠.

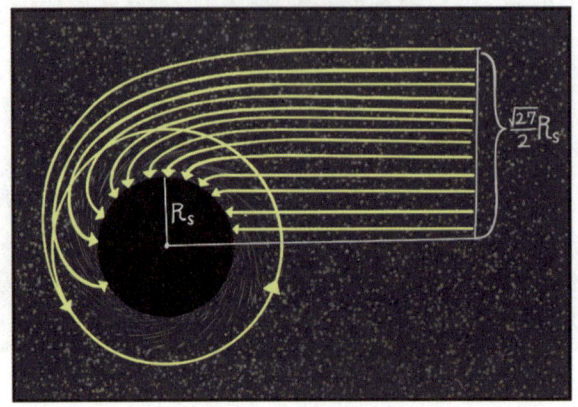

그리고 이보다 멀리서 오는 빛은 많이 휘어지겠지만, 그래도 어찌저찌 탈출할 수는 있습니다.

성공이다. 붙잡히지 않았어! '중력'을 이겼다!

이걸 입체적으로 그려본다면
우리에게 보이는 빛은 아마…

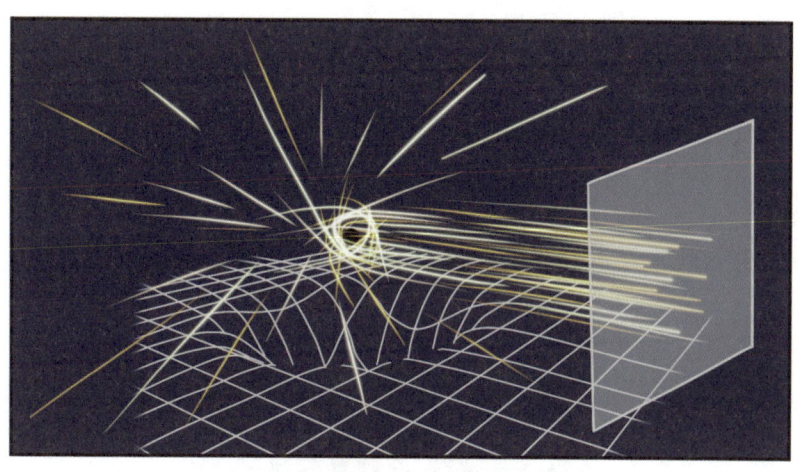

이런 모습으로 보이겠네요.

그러니 이 검은 구멍은
블랙홀이 아니라 빛이
블랙홀에 의해 가려진,
말하자면
'블랙홀의 그림자'인
것이죠.

그럼 이 그림자는 어떻게 보느냐?

가장 먼저 해야 할 일은 빛을 고르는 일인데요.

눈 감고 딱 찍어봐?

여느 천체 관측이 그렇듯
대기와 기상 현상은 일부 빛을 가립니다.

은하 곳곳에 있는 가스 구름도 비슷한 원리로 너머의 별을 가립니다.

이 경우 비교적 긴 파장의 빛을 사용하면 이 장애물을 뚫고 관측이 가능하죠.

독수리성운 창조의 기둥 /
위 허블(2014), **아래** 제임스 웹(2022) ⓒNASA

하지만 숫자와 로마자만 봐도 머리가 어지러워지는 저 같은 분들을 위해 핵심만 요약하면…

'망원경의 거울(또는 렌즈)은 클수록 좋다'로 정리할 수 있겠습니다.

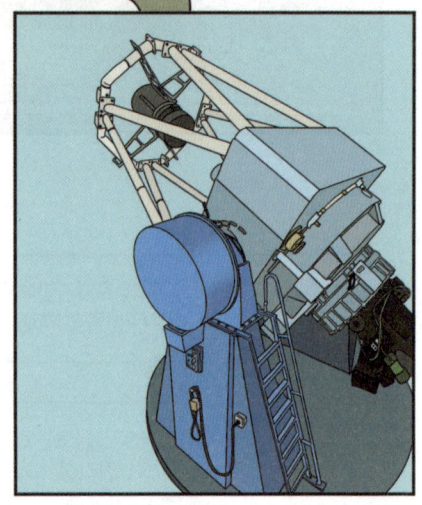

우리나라에서 가장 큰 망원경은 보현산 천문대에 있습니다.

주경의 지름이 1.8m. 제 키보다 크네요.

보현산 천문대 망원경은 만 원짜리 지폐 뒤에서도 볼 수 있답니다!

현재 준공 중인 거대마젤란망원경(GMT)은
총합 25m 직경의 거울을 사용합니다.

여기서도 만족하지 못한 천문학자들은
직경 30m짜리 괴물 반사망원경을 만들 계획을
세우는 중이라는데…

30m 반사망원경을 완성한 천문학자들의 상상도

잡설이 길었네요. 다시 본론으로 돌아갑시다.

조금 전에 우리는 1mm 파장의 전파로
블랙홀 사진을 찍기로 했고,

우리가 찍으려 하는 블랙홀 그림자의 크기는
약 50마이크로초로 매우 작습니다.

여기서 50마이크로초라는 크기가
얼마나 작은지 표현하자면

라고 하네요.

사실 망원경을 연결한다는 아이디어는
그리 허무맹랑하지 않았습니다.

뉴멕시코의 VLA에서는 1981년부터
무려 27대의 전파망원경을 연결해
하나의 거대한 망원경으로 사용하고 있었어요.

25m짜리 전파망원경들을 잘 배열해서
최대 36km 크기의 전파망원경처럼 쓸 수 있었죠.

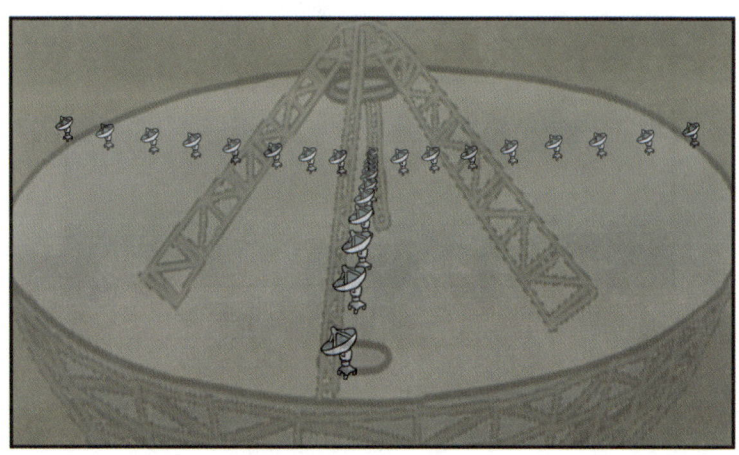

물론 그렇다고 해서 전 세계의 전파망원경을 연결하는 것이 말처럼 쉬운 일은 아니었습니다.

하지만 돌먼과 천문학자들의 집념 앞에서 이런 문제들은 하나둘 해결되었고,

이것이 인류 역사상 가장 거대한 망원경, 사건 지평선 망원경 EHT 프로젝트의 출발이었습니다.

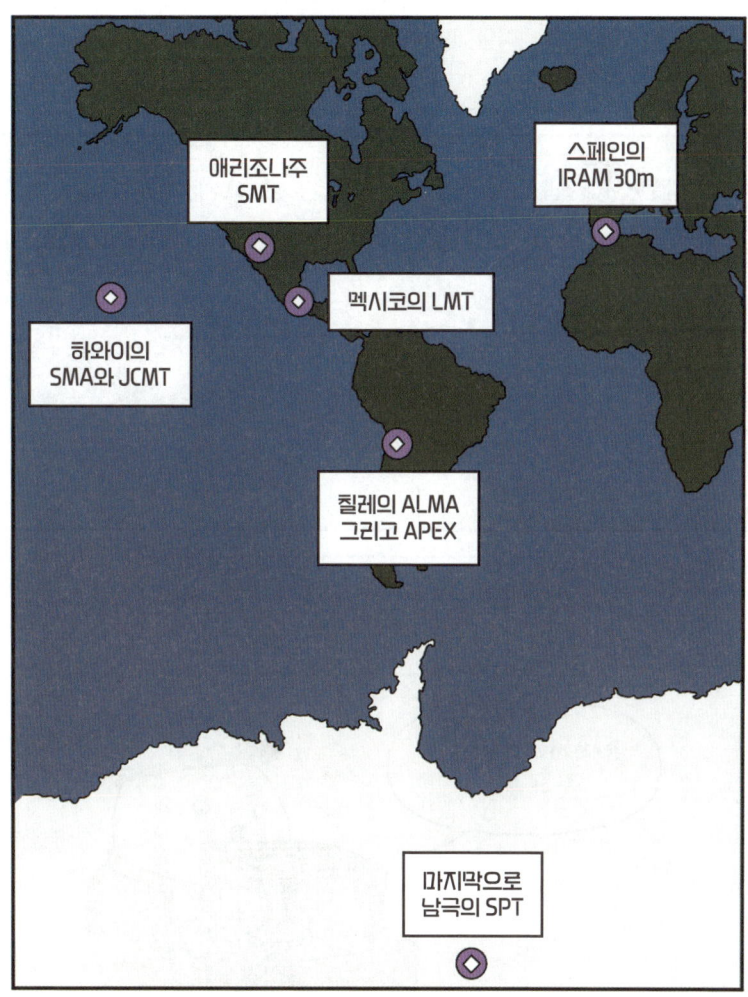

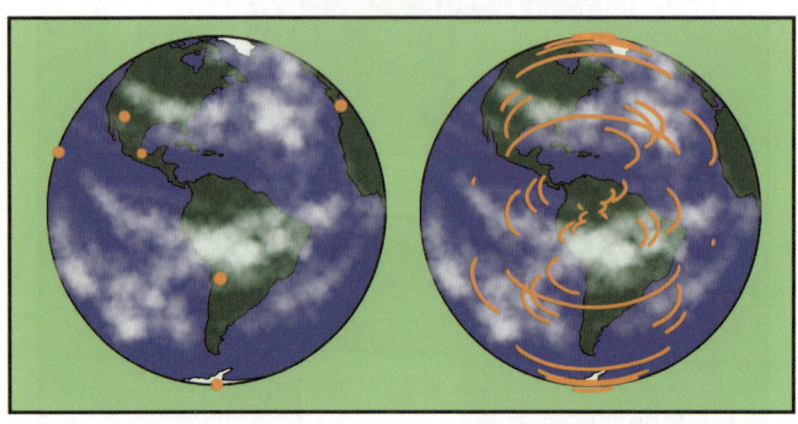

만약 사진이 단순한 원형이라면
얻은 데이터와 일치하지 않습니다.

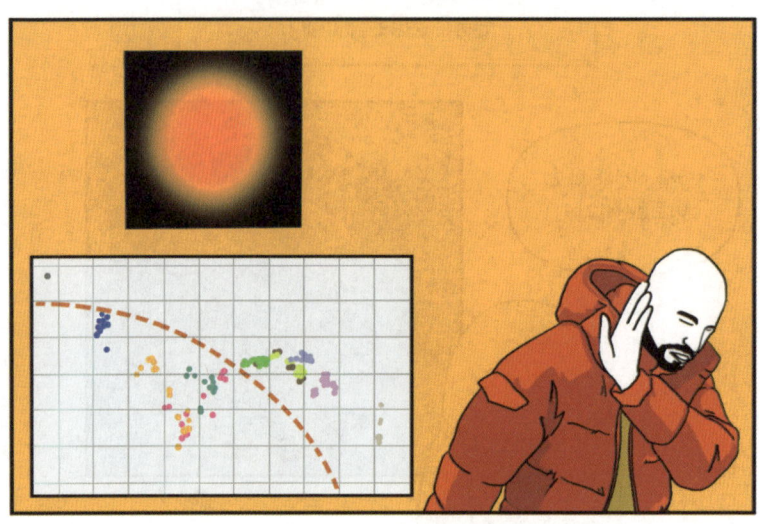

고리 형태라면 조금 비슷해진 것 같지만,
아직도 조금 차이가 있네요.

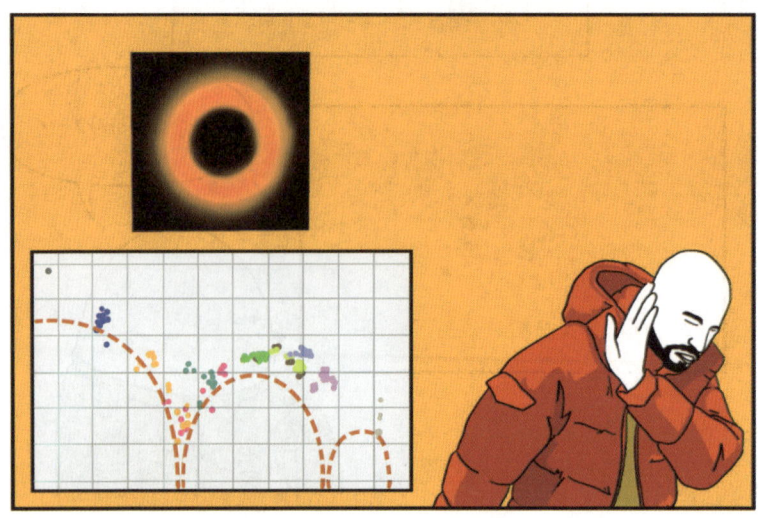

여기서 조금만 더 만져봅시다.

블랙홀 주위의 가스가 회전하고 있으니
다가오는 쪽은 밝게, 반대쪽은 어둡게 해야겠지요.

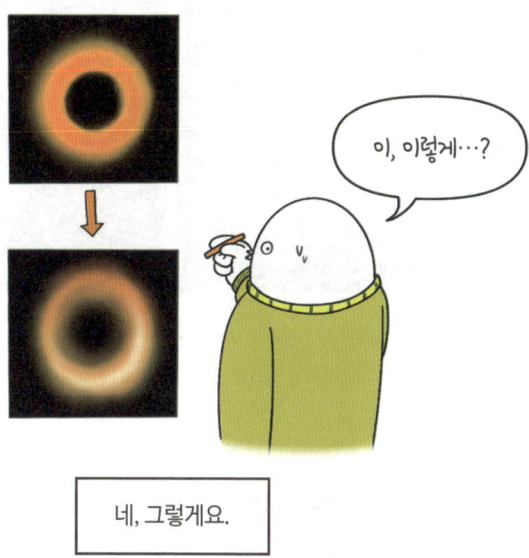

네, 그렇게요.

이게 EHT 데이터와 가장 잘 맞네요.

마침내 그렇게 인류의
첫 블랙홀 이미지가 모습을 드러냈습니다.

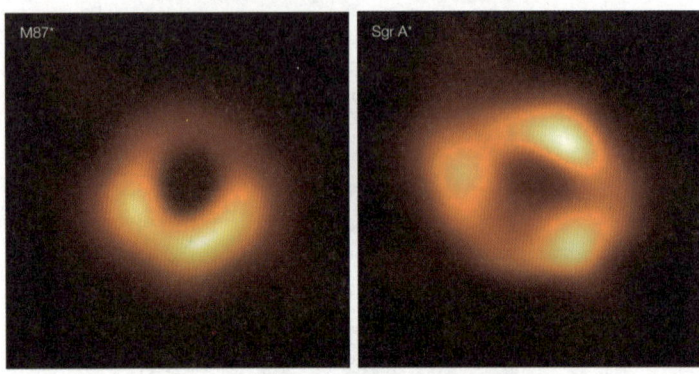

이 사진이 누군가에게는 경이로울 수도,
누군가에게는 실망스러울 수도 있습니다.

고양이 눈처럼 생겨가지고
뭔 블랙홀 사진이래?

여러분은 어떠셨나요?

'블랙홀을 보겠다'는 일념으로 시작한
사건 지평선 망원경 프로젝트,

EHT는 아직 끝나지 않았습니다.

AI를 활용한 블랙홀 이미징부터
cm파장 빛으로 찍은 블랙홀 사진까지

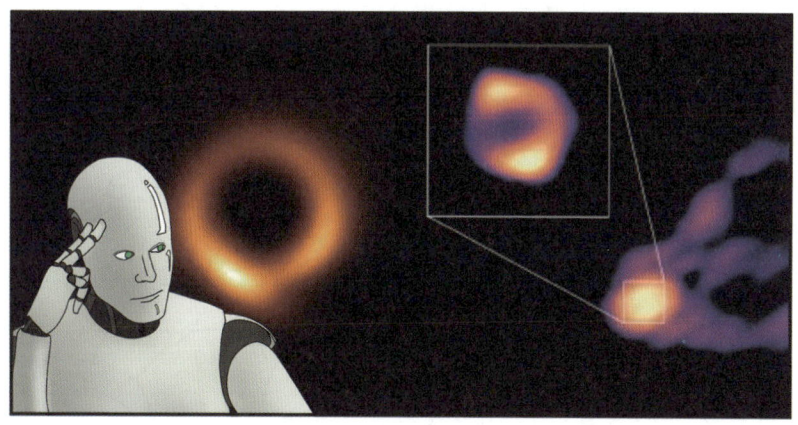

EHT의 뒤를 이을 블랙홀 연구가 앞으로
어떻게 진행될지 정말 기대됩니다.

> 잠깐 상식

인공지능이 만든 블랙홀 사진

극단적으로 특별한 천체 '블랙홀'을 연구하기 위해 천문학자들은 다양한 방법을 사용합니다. 좋은 예시가 있죠. 2019년 말 블랙홀의 첫 사진이 공개된 지 약 3년 후인 2023년 4월, 더 얇은 고리를 지닌 M87*의 두 번째 사진이 공개되었습니다. 인간이 아니라 인공지능이 구현한 블랙홀 사진이었죠.

사실 EHT 데이터에는 빈틈이 많습니다. 퍼즐에 비유하자면 약간의 조각만 가진 상태에서 나머지 조각을 채워 넣어야 하는 상태가 EHT 데이터죠. 앞에서 이 '빈틈을 채우는' 과정을 간단히 소개해 드렸습니다. 그런데 이번 연구에서는 이 빈틈을 채우는 데 인공지능의 힘을 빌린 것입니다.

그 인공지능의 이름은 PRIMO입니다. PRIMO는 3만 개가 넘는 블랙홀 시뮬레이션을 통해 훈련된 블랙홀 특화 인공지능입니다. 이번 연구에서 PRIMO는 천문학자들이 만들어낸 이미지와 거의 유사한, 그러면서도 해상도는 더 높은 이미지를 만들어냈습니다. 오늘날 많은 천문학자들은 PRIMO를 포함한 다양한 인공지능이 천문학 연구에 큰 도움이 될 것으로 전망합니다. 또 어떤 분야에서 인공지능이 학자들을 도울 수 있을까요?

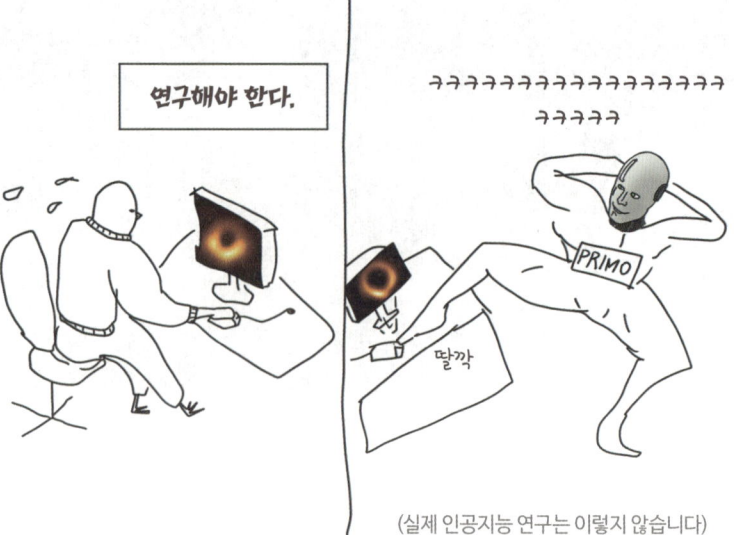

(실제 인공지능 연구는 이렇지 않습니다)

3화

'제임스 웹'이라고 합니다

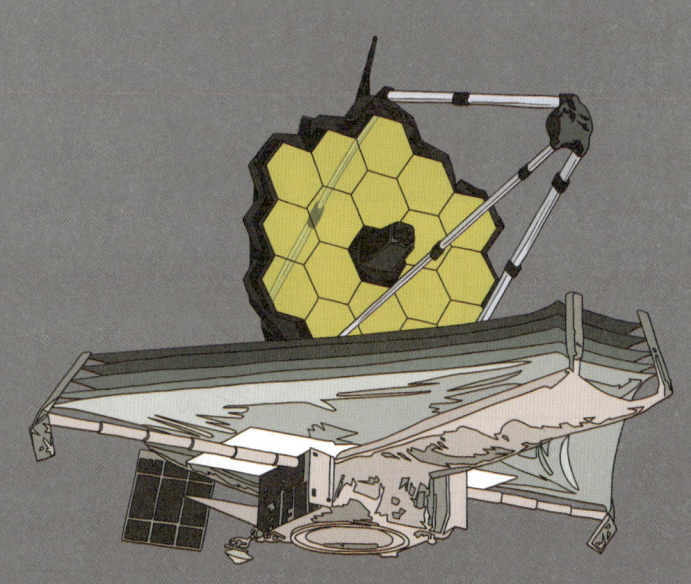

NASA의 2대 국장 '제임스 에드윈 웹'의
이름을 딴 JWST*는 미국과 유럽, 캐나다의
협력으로 만들어진 우주망원경인데요.

* James Webb Space Telescope

제임스 에드윈 웹

그 유명한 허블망원경의 뒤를 이을
차세대 우주망원경으로 예정되어 있었습니다.

허블이 수명을 다하고 은퇴한 후인
2000년대 후반 운용을 목표로 제작 중이었죠.

퇴물은 이제 슬슬 은퇴하셔야지?

나, 난 아직…!

그런데 허블망원경이
예상보다 일을 너무 잘했습니다.
2000년대 초반 은퇴 예정이었던
허블은 아직도 현역이죠.

반면 제임스 웹의 발사는 계속 연기됐고,
그만큼 들어가는 돈도 늘어났습니다.

총 비용이 무려 100억 달러!
돈 먹는 하마가 따로 없었죠.

그렇지만 포기할 수는 없었습니다.
포기하기엔 너무 멀리 와버렸죠.

제임스 웹은 평범한 망원경이 아닙니다.
풀네임은 제임스 웹 '우주'망원경이죠.

말 그대로 지상이 아니라 우주에서 관측을
진행하기 때문에 이렇게 부르는데요.

To Infinity and Beyond!!

망원경이 우주로 가는 이유는 다양하지만
가장 큰 이유라면 역시

관측을 방해하는 지구의 여러 요소들로부터
자유로워지기 위해서입니다.

*스페이스X에서 서비스하는 저궤도 위성 인터넷 서비스

많은 천문대가 이들을 피하기 위해 섬이나 산꼭대기에 지어지지만
우주로 간다면 이 요인들을 걱정할 필요조차 없죠.

웹이 우주로 가야 하는 또 다른 이유는
웹이 적외선 망원경이기 때문입니다.

빛에는 짧은 파장부터 긴 파장까지
다양한 파장이 존재하는데요.

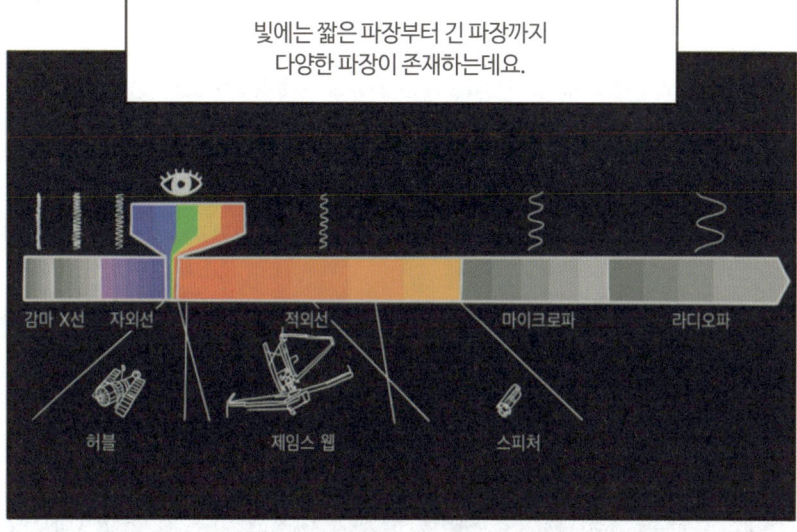

이 중 웹에게 필요한 파장의 빛인 적외선은
지구의 대기에 쉽게 가로막힙니다.

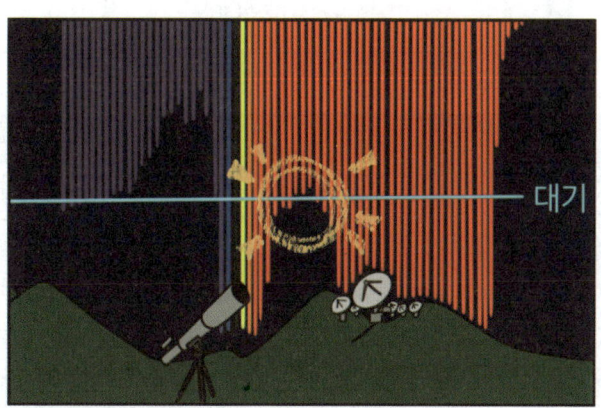

다시 말해 제임스 웹은 지구에서는 사용할 수 없는
망원경이라 우주로 갈 수밖에 없는 겁니다.

그렇게 지구에서 벗어난 웹은
'라그랑주점'으로 향하는데요.

이곳은 웹에 작용하는 힘이 균형을 이루는 평형점입니다.
그래서 최소한의 연료를 사용해 제자리를 유지할 수 있죠.

웹이 가는 라그랑주점은
태양과 지구 주위 5개의 라그랑주점 중
그림에 표시된 L2입니다.

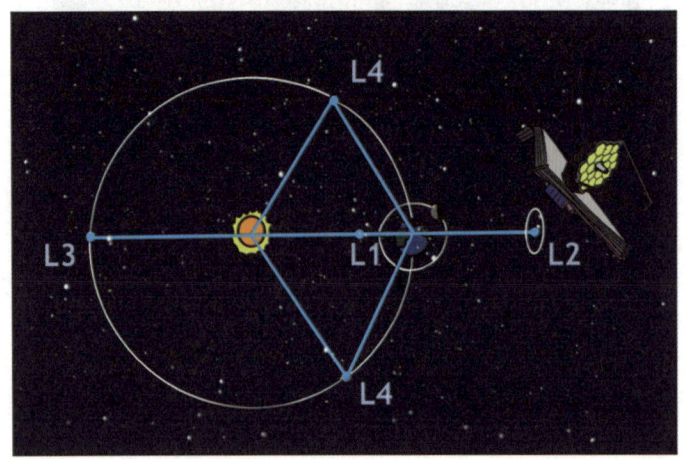

이 L2 포인트는 그림으로 보면 꽤 가까워 보이지만, 그 거리는 150만 km. 지구와 달 사이의 거리보다 네 배는 멀죠.

이렇게 멀리까지 가는 데 특별한 이유라도 있을까요?

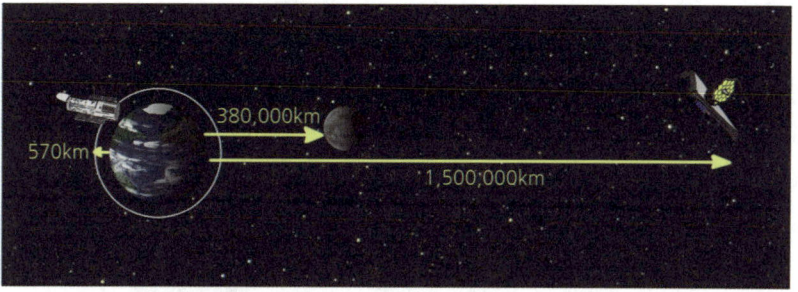

앞서 소개했듯 제임스 웹은 적외선 망원경입니다.

여러분은 적외선을 어디서 들어보셨나요?

코로나 팬데믹 시기에 찾아볼 수 있던 열화상 카메라가 있네요. 적외선을 사용해 물체의 열을 재는 기구죠.

자꾸 허블하고 비교해서 미안하지만, 허블과 웹의 주경 크기를 비교해보면

허블(좌)이 초라해 보일 정도로 웹의 주경(우)은 거대합니다. 지름이 6.5m로 허블보다 여섯 배 넓지요.

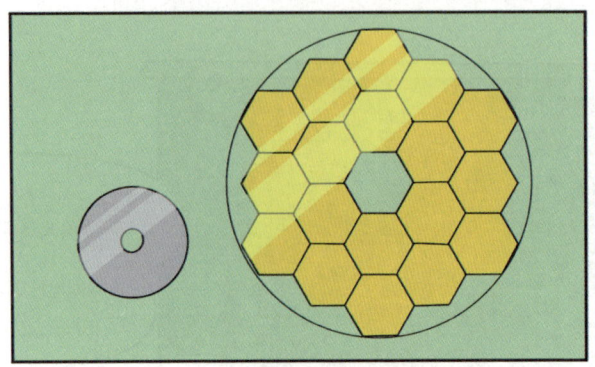

표면은 적외선 반사율이 높은 금으로 되어 있습니다.

저 넓은 거울을 몽땅 금으로 만든 건 아니고요.

가벼운 원소인 4번 베릴륨으로 만든 판에 금으로 코팅만 한 거랍니다.

금을 다 긁어 모아도 골프공보다 살짝 무거운 정도예요.

이렇게 큰 거울과 선실드 때문에 웹을
우주선에 싣는 것도 일이었습니다.

과학자들은 거울과 선실드를 종이접기 하듯
차곡차곡 접어서 부피를 줄였고,

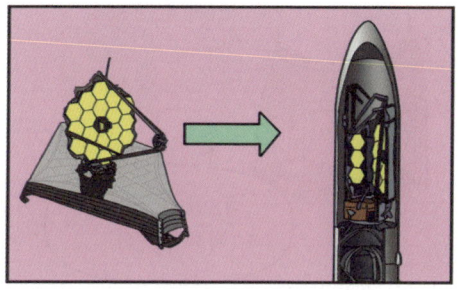

웹은 우주에서 선실드와 부경 지지대,
주경을 차례로 펴며 제 모습을 갖춥니다.

이렇게 탑재체를 접어 부피를 줄이는 기술은
다른 탐사선에도 종종 활용되는데요.

태양전지판처럼 얇고 넓은 부분에 적용할 수도 있고,

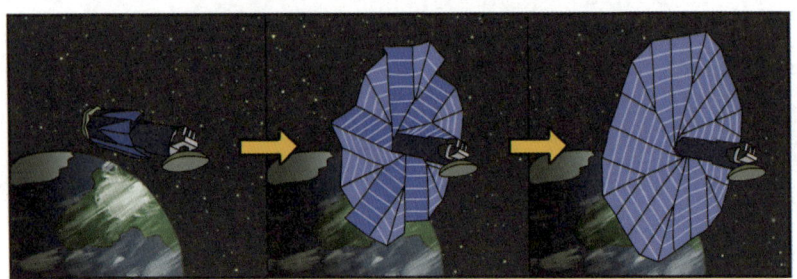

로버의 다리처럼 길게 뻗은 부분에 적용할 수도 있답니다.

이 외에도 웹의 대표 관측 장비는
이렇게 넷이 있는데요.

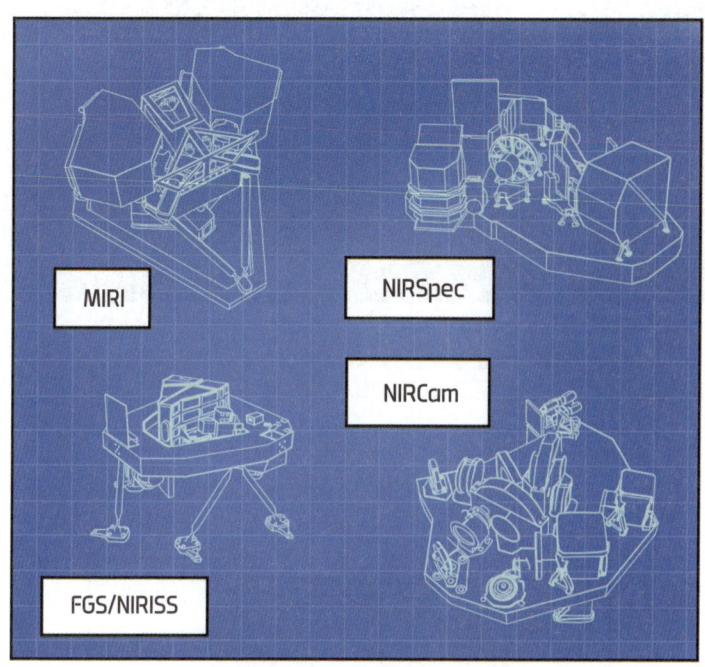

네 개를 다 소개하기는 힘들 것 같으니
여기서는 MIRI만 살펴봅시다.

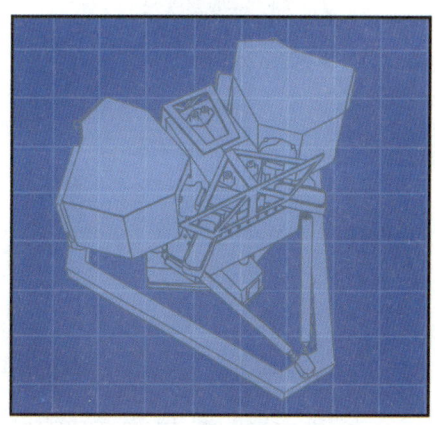

MIRI는 웹이 탑재한 장비 중 유일한 중적외선 기기입니다.

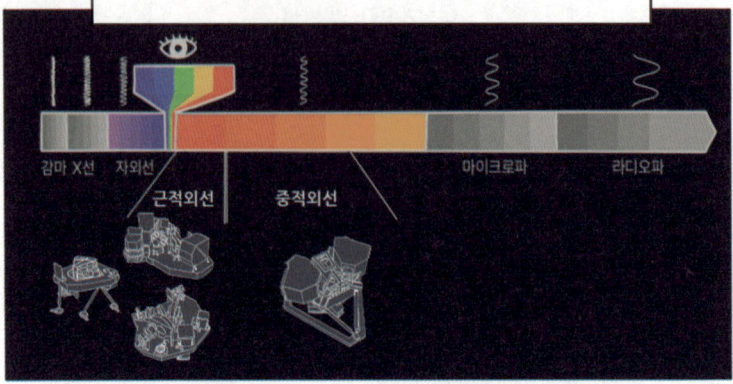

이 때문에 다른 장비보다 온도에 민감하고, 보다 낮은 온도(약 -267℃)에서 작동하는데요.

이 환경을 유지하기 위해 선실드 외에도 헬륨을 활용한 극저온 냉각기를 사용합니다.

영하 267도면 절대 영도(0켈빈, -273℃)에 가까운 저온이죠.

이제 마지막으로 웹의 테스트 이미지에서 확인할 수 있는 웹의 기능과 성능에 대해 알아봅시다.

위 사진은 웹의 정밀유도센서(FGS)로 32시간 동안 촬영된 72장의 사진을 하나로 모은 테스트 이미지인데요.

테스트라 그런지 우리에게 익숙한 형형색색의 보정 작업은 이루어지지 않았습니다.

이 사진에서는 웹의 독특한 특징을 하나 확인할 수 있는데요.

바로 눈꽃 모양의 빛살입니다.

이 눈꽃 모양 빛살의 정확한 이름은 '회절 스파이크'인데요.
부경 지지대와 주경의 형태가 스파이크의 모양을 결정합니다.

(지겹지만 이번에도)
허블과 비교해볼까요?

우선 주경의 모양에 따라 생기는 별빛은
이런 모양으로 나타나고요.

원은 원형,
육각형은 육각형.

그럼 네모 모양의 거울은
십자 모양을 만들겠죠?

부경 지지대도 그 구조에 따라 고유의 무늬를 남깁니다.

신기하죠?

안 신기해도
신기하다고 해줘요.

이렇게 만들어진
두 회절 무늬가 합쳐지면…

웹에는 독특한 별빛 스파이크 외에도
재미난 기능이 숨어 있습니다.

바로 인위적으로 별빛을 가리는
'코로나그래프'라는 관측 기술입니다.

테스트 이미지의 별들에서도
검은 점으로 가려진 듯한 모습이 보이는데요.

사실 이 점들은 별빛이 너무 밝아서 생긴 일종의 오류로
코로나그래프와는 전혀 다른 현상입니다.

아무튼 밝은 천체의 중심을 가리는 이유는 빛을 줄여
주변을 더 자세히 보기 위함인데요.

그거 살짝 가린다고 얼마나 더 잘 보이겠나 싶지만, 천문학계는 코로나그래프 덕을 톡톡히 보고 있습니다.

보이저 2호가 해왕성을 지나칠 때 찍은 코로나그래프 이미지를 볼까요?

여기 보이는 검은 줄은 보이저호가 의도적으로 해왕성을 가린 겁니다.

해왕성이 반사한 빛을 줄여 최초로 그 고리를 포착한 사진이죠.

이 외에도 코로나그래프는 태양 연구나 외계행성 탐색에 폭넓게 활용됩니다.

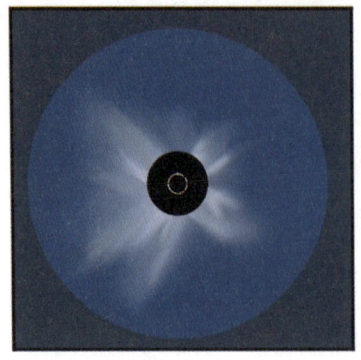
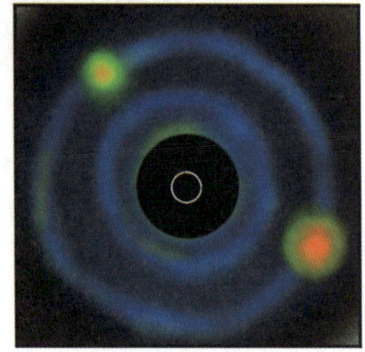

자, 망원경 이야기는 이 정도면 충분한 것 같으니 이제 웹의 사진을 보러 갑시다.

우주망원경도 A/S가 되나요?

지구 천문대에 있는 망원경들과 달리 우주망원경은 수리하기가 쉽지 않습니다. 하지만 불가능한 것도 아니죠. 허블 망원경의 경우 네 번의 수리 미션을 다섯 번(1993년, 1997년, 1999년, 2002년, 2009년)에 걸쳐 진행했습니다. 이 중 가장 유명한 에피소드는 1993년의 첫 번째 수리 미션 STS-61일 것입니다.

사실 허블 망원경의 첫 작동은 대실패였습니다. 망원경에서 가장 중요한 부품인 주경에 결함이 있었기 때문이죠. 예정보다 2.2마이크로미터 편평하게 가공된 거울에서 생긴 구면 수차가 사진을 흐릿하게 만들었습니다. NASA의 과학자들은 이 오차를 보정하기 위한 장비를 만들었고, 1993년 12월 2일 엔데버호가 이 장비를 싣고 우주로 향했습니다. 35시간이 넘는 우주 유영을 통해 수리를 받은 허블은 마침내 선명한 우주를 보게 되었습니다.

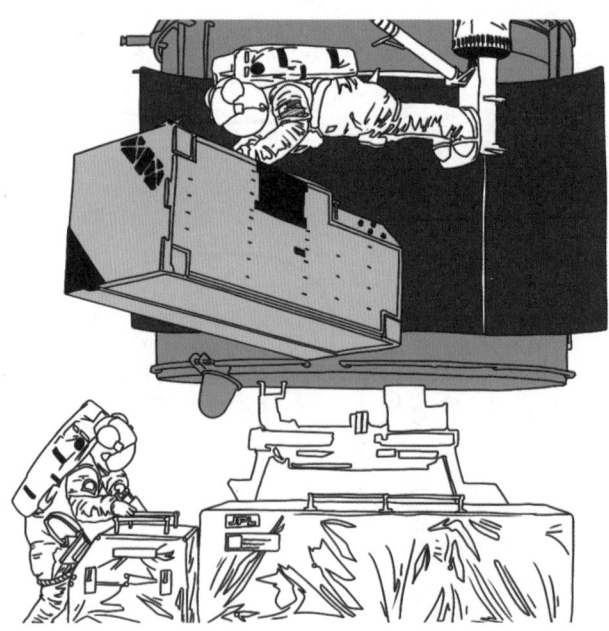

STS-61 미션에서 광학교정장치(COSTAR)를 설치하는 모습.

4화

제임스 웹의
끝내주는 사진들

"인사할 시간도 없습니다. 바로 시작합시다!"

"대망의 첫 번째 사진은 '웹 딥 필드'입니다."

"그 전에 '딥 필드(Deep Field)'가 뭔지 설명이 필요할 것 같군요."

"'딥 필드'는 천체의 이름이 아니라 촬영된 사진의 이름입니다."

"이 이야기는 1995년 허블 망원경으로 거슬러 올라가는데요."

"다음 촬영 대상을 뽑아볼게요~"

*실제로는 뽑기로 결정하지 않습니다.

1995년, 로버트 윌리엄스는 허블의 거울을 아무것도 없는 우주 공간으로 돌립니다.

하루 운용비만 억 단위인 허블을,
전 세계 천문학자들이 사용하길 원하는 그 허블을
텅 빈 바늘구멍을 찍는 데 쓰겠다고 하니…

'해보자'와 '무모하다'는 의견이 첨예하게 대립했습니다.

확실히 지금 생각해도
정신 나간 도전이긴 하죠.

그렇게 무려 10일간의 노출 끝에 얻은 사진이
바로 HDF, 허블 딥 필드입니다.

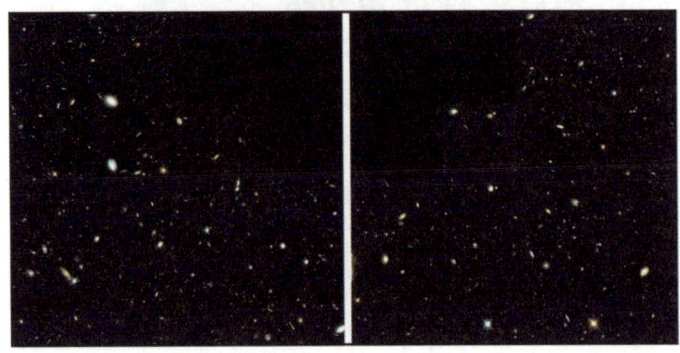

HDF는 그렇게
허블 망원경의 대표작 중 하나가 되었는데요.
이번에는 제임스 웹이 시도한 것이죠.

제임스 웹 딥 필드, 함께 보시죠.

감상할 시간은
충분히 드리겠습니다.

그럴 만한 가치가
있는 사진이니까요.

우리가 이 사진에서 주목할 포인트는
이렇게 세 가지 정도인데요.

첫 번째는 앞서 소개한 웹의
독특한 회절 스파이크입니다.

스파이크가 생기는 천체는
모두 우리은하 안의 별이죠.

네, 적외선 관측에서 이런 색이 찍힐 리가 없죠?
이런 색은 파장에 따라 구분해 칠한 겁니다.

여기 웹의 사진 아래 적힌 걸 보면
긴 파장은 붉은빛,
짧은 파장은 푸른빛으로 칠했다고
알려주고 있죠.

좀 더 직관적으로 설명해드리자면
먼 천체는 붉은빛, 가까운 천체는 푸른빛으로 칠했다고
이해하시면 될 것 같습니다.

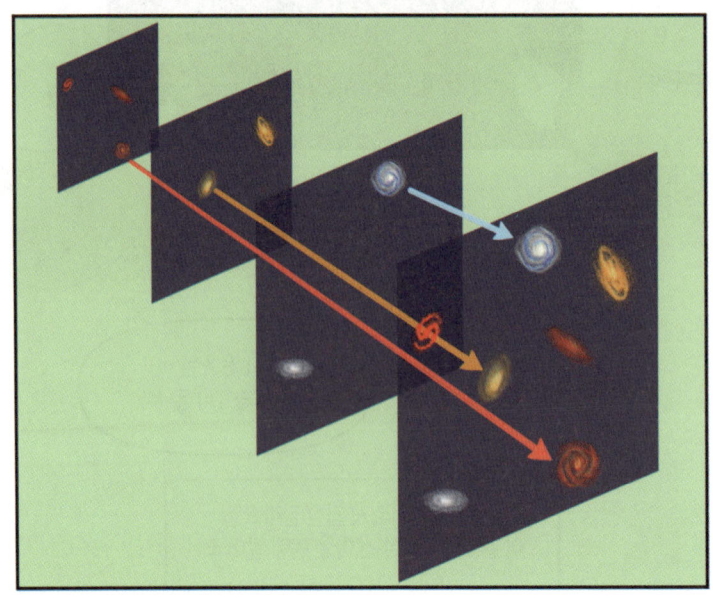

마지막으로 이 은하들을 잘 보면,
조금씩 뒤틀린 모습도 확인할 수 있는데요.

이건 '중력 렌즈 현상'이라고 합니다.
먼 은하에서 우리에게 오는 빛이 강한 중력에 의해 휘어지면서
관측되는 은하의 모습도 휘는 현상을 말합니다.

천체의 강한 중력이 마치
볼록 렌즈처럼 작용하니까

꽤 적절한
비유 같네요.

웹의 딥 필드 사진에서는 중력 렌즈 현상이 잘 보입니다.

다음으로 살펴볼 사진은 이겁니다.
사실 사진은 아니고, 웹이 측정한 데이터라고 부르는 게 맞겠네요.

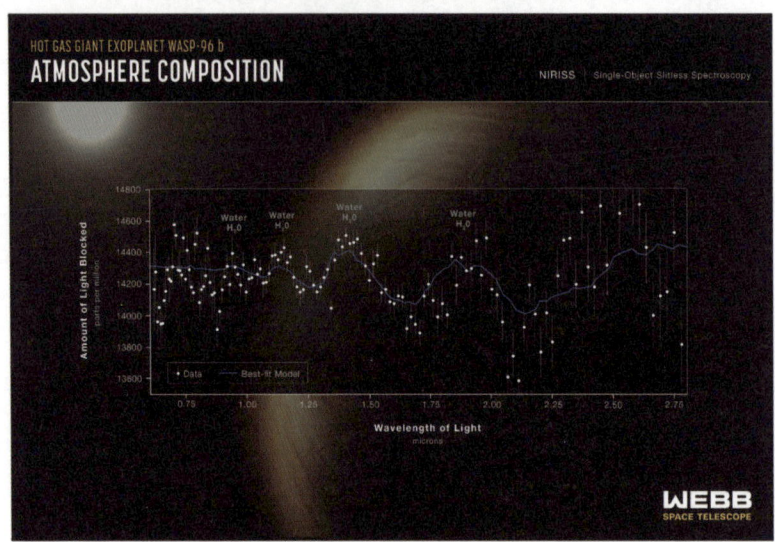

이 데이터는 외계행성의 대기 성분을 분석한 자료입니다.

행성의 이름은 WASP-96b. 크기는 목성보다 조금 크지만, 질량은 그 절반 정도인 가스 행성입니다.

이건 위의 데이터를 참고한 WASP-96b의 상상도입니다.

이 데이터가 어떤 내용인지,

왜 웹의 첫 다섯 개 이미지에 포함될 정도로 의미가 있는지 이해하기 위해서는 먼저 '분광'을 알아야 합니다.

'분광'이란 빛을 분해해 분석하는 작업입니다.

실제로 이렇게 분해하진 않고요.

앞에서 본 이 그림 기억하시나요?
이처럼 빛을 파장에 따라 분리하는 것이 분광입니다.

햇빛을 프리즘에 통과시키면
무지개색으로 나뉘는 것도
같은 원리입니다.

천문학에서 분광은 아주 강력한 무기입니다.
이번 웹의 경우에는 대기를 통과한 별빛을
분광 작업의 타깃으로 했는데요.

그러니까 이 빛을
포착한 겁니다.

이렇게 대기를 통과한 빛을 분석하면 그 성분을 알아낼 수 있습니다.

웹이 WASP-96b의 대기에서 찾아낸 성분은
바로 물!

지구의 바다에서 생명이 탄생했듯
외계행성의 물은 생명의 가능성을 시사해주는데요.

WASP-96b를 포함해 앞으로의 외계행성 연구에
웹이 가져올 더 많은 발견들을 기대하게 됩니다.

이제 세 번째 사진으로 넘어갈까요?

이 아름다운 천체는 남쪽고리성운 또는 팔렬성운, 좀 더 유식하게는 NGC 3132로 부릅니다.

그런데 이 사진, 왜 두 장일까요?

색만 다르게 칠한 게 아니네요. 성운의 모양도 조금 다르죠?

두 사진의 미묘한 차이는 웹이 사용하는 장비 때문인데요.

오른쪽은 MIRI로, 왼쪽은 NIRCam으로, 같은 천체를 다른 파장으로 봐서 그런 겁니다.

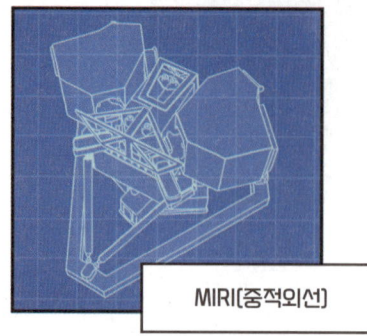

MIRI(중적외선)

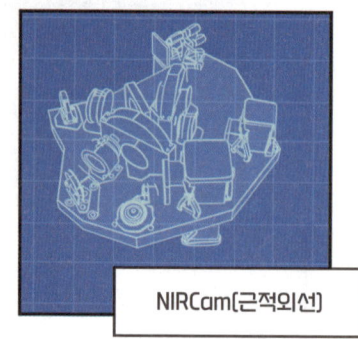

NIRCam(근적외선)

중적외선 관측 장비는 성간물질을 뚫고
근적외선 관측 장비보다 더 깊은 곳을 볼 수 있지요.

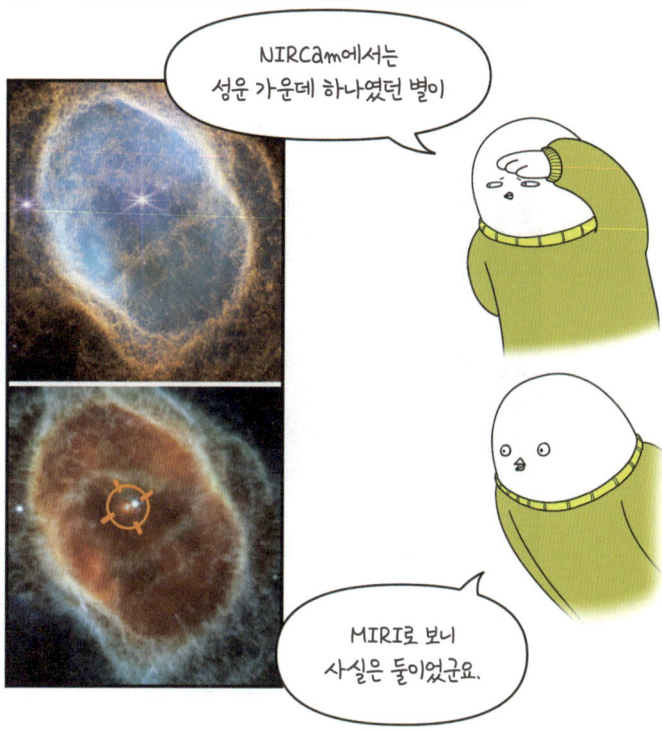

NIRCam에서는
성운 가운데 하나였던 별이

MIRI로 보니
사실은 둘이었군요.

이 발견은 꽤 흥미로워요.
남쪽고리성운은 거대한 별이 진화의 마지막 단계에서
껍질을 하나씩 떨쳐내며 형성되었는데요.

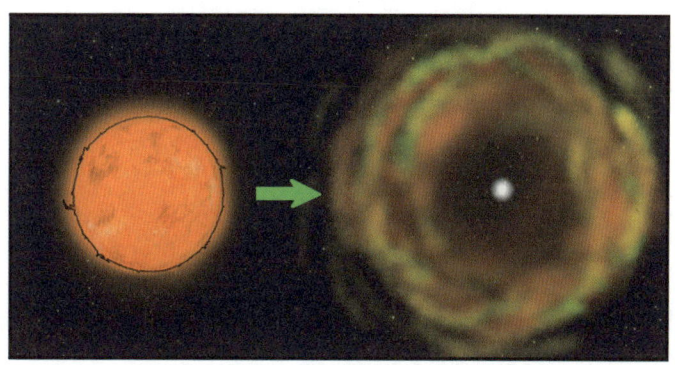

103

이렇게 중심핵만 남은 별 주위로
다양한 기체가 복잡한 구조를 이루는 성운을
'행성상 성운'이라고 부릅니다.

이 단계에서 별의 자전이나 자기장,
주변 별과의 상호작용 등이 성운의 모양을 결정하죠.

함께 도는 별이라면
이런 식의 꽈배기 모양 구조도
만들어질 수 있겠죠.

그럼 남쪽고리성운은 어쩌다 이런 모양이 되었을까요?

성운 완료!
어쩌다 이 지경까지

남쪽고리성운의 3D모델(이랍시고 그린 무언가)

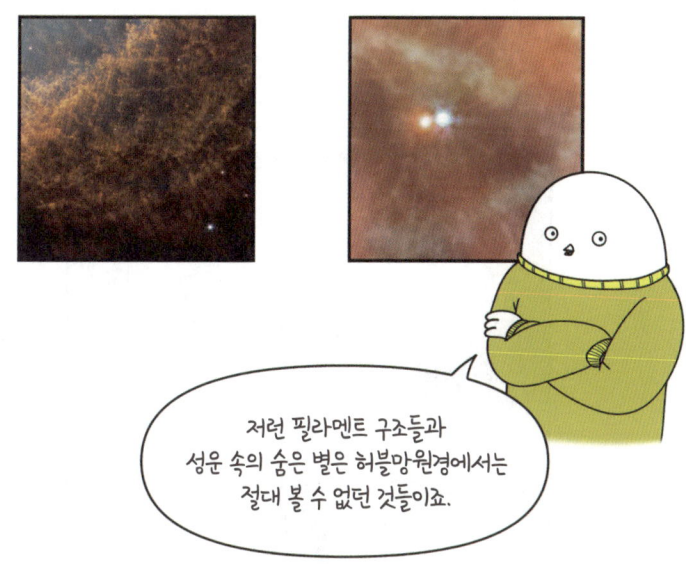

저런 필라멘트 구조들과 성운 속의 숨은 별은 허블망원경에서는 절대 볼 수 없던 것들이죠.

제임스 웹의 관측 결과가 보여주는 성운의 세밀한 구조와 그 안의 별들로 추측한 결과,

놀랍게도 남쪽고리성운은 사실 다섯 개의 별이 복잡한 상호작용을 거치며 만들어낸 구조임이 밝혀졌습니다!!

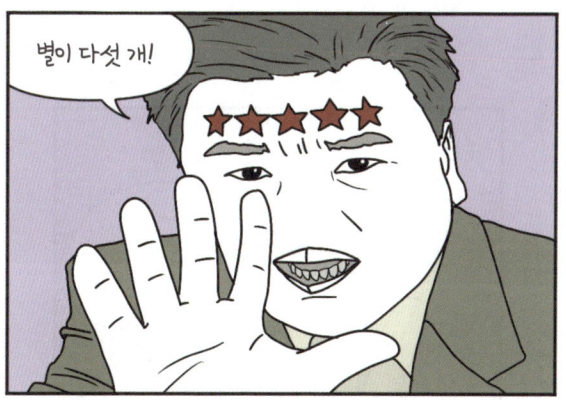

별이 다섯 개!

가운데 두 별 말고도 지금은 보이지 않는 세 개의 별이 더 있었다는 뜻이죠.

심지어 허블과 NIRCam에서 중심별로 여겨졌던 흰 별은
사실 별다른 역할을 하지 않았다는 사실까지 알게 되었는데요.

앞으로 우주의 어떤 구조들이 웹에 의해 밝혀질지 기대됩니다.

다음 사진은 행성이나 별보다 좀 더 큰 걸로 갑니다.
바로 은하.
그것도 하나가 아닌 다섯 개의 은하.

웹의 네 번째 사진은 슈테판 5중주입니다.

이 다섯 은하들 중 위의 넷은
서로 가까워지며 끝내 충돌하게 되는데요.

우리는 웹의 이미지를 통해 이들의 구조를 자세히 확인할 수 있습니다.

NGC 7319의 은하핵이 뿜어내는
강력한 제트와

NGC 7318b가 만들어낸
거대한 충격파처럼 말이죠.

이렇게 은하의 구조를 확인할 수 있는 이유는
웹의 주경이 다른 우주망원경에 비해 크기도 하지만,
웹이 적외선을 통해 천체를 관측하기 때문입니다.

X선이 살갗을 넘어 몸속 뼈를 촬영하듯
적외선은 성간물질을 넘어
은하 속 필라멘트를 촬영하죠.

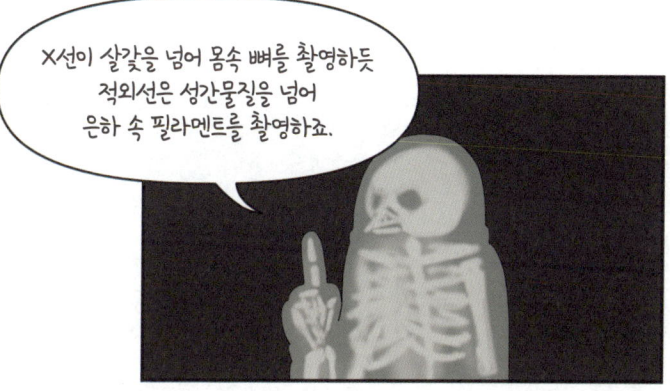

더 좋은 예시는 중적외선입니다.
MIRI로 얻은 이미지를 보면 잘 확인할 수 있죠.

이렇게 합치면...?

웹의 이런 사진들이
은하들의 진화와 성장 연구에
큰 도움이 되겠네요.

자, 마지막 사진으로 갑시다.

마지막은 다섯 사진 중 가장 유명한 용골자리 성운,
보다 자세히는 용골자리 성운의 한 귀퉁이의 귀퉁이입니다.

용골자리 성운은 우리나라에서는 볼 수 없는
남반구 하늘의 천체인데요.

이렇게 제임스 웹이 처음으로 촬영한
다섯 사진과 디테일을 살펴봤는데요.
정말 사진 하나하나가 감탄을 불러일으키죠.

이제 막 시작된 제임스 웹의 활약은
천문학계를 뒤흔들 것으로 보이는데요.

웹은 다음에 또 어떤 사진으로 우리를 놀라게 할까요?

그리고 웹 다음으로
어떤 망원경이 등장해
우리에게 새로운 우주를 보여줄까요?

우주망원경 패밀리

1968년 최초의 우주망원경 OAO(Orbiting Astronomical Observatory)의 발사 이후, NASA는 우주망원경을 활용한 '대천문대' 계획을 세웠습니다. 전자기 스펙트럼별로 각 네 대의 우주망원경을 운용하겠다는 야심 찬 계획이었죠. 그렇게 만들어진 네 대의 망원경이 콤프턴(CGRO), 찬드라(CXO), 허블(HST), 스피처(SST) 우주망원경입니다. 콤프턴은 감마선 영역에서, 찬드라는 X-선 영역에서, 허블은 자외선과 가시광 그리고 근적외선 영역에서, 마지막으로 스피처는 적외선 영역에서 우주를 관측했죠. 이 중 콤프턴과 스피처는 현재 활동이 종료됐지만, 찬드라와 허블은 지금도 현역으로 활동하고 있습니다. 하나둘 수명을 다하는 대천문대들은 그 명단이 바뀌기도 하는데요, 대표적인 사례가 스피처 망원경의 뒤를 이어 근적외선과 중적외선 영역에서 관측하는 제임스 웹(JWST)입니다.

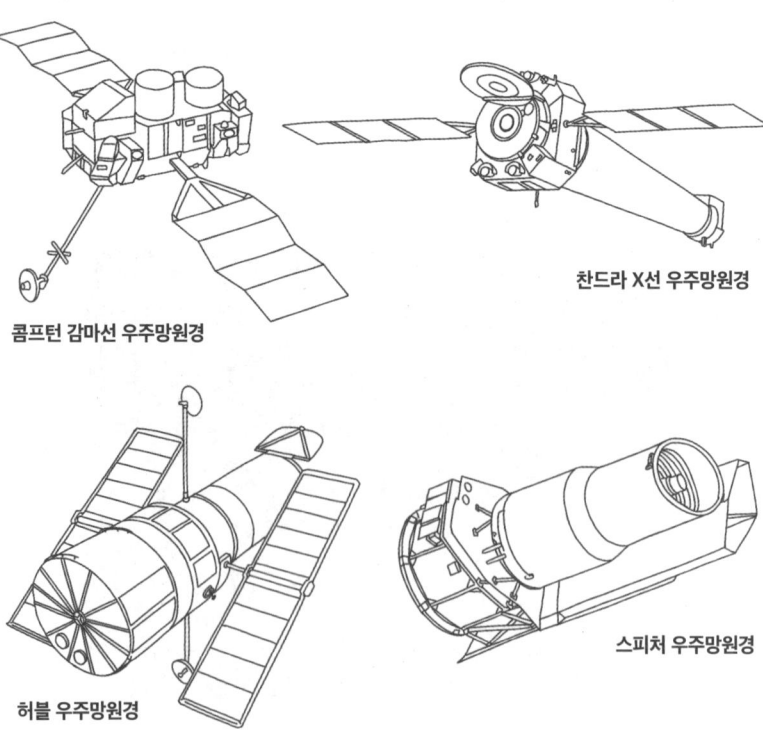

콤프턴 감마선 우주망원경

찬드라 X선 우주망원경

허블 우주망원경

스피처 우주망원경

5화

'플라이 미 투 더 문'의 이야기

오래전부터 하늘은 인류의 상상력을 자극했고,
각종 신화의 배경이 되었습니다.

밤하늘을 밝히는 달 또한
세계 각국의 신화에 등장하는데요.

그리스 신화에서는 셀레네가
초대 '달의 여신'이 되고

그다음으로 처녀신 아르테미스가,

메소포타미아에서는 지혜로운 난나가,

중국 신화에서는 항아가,

이집트에서는 따오기신 토트가

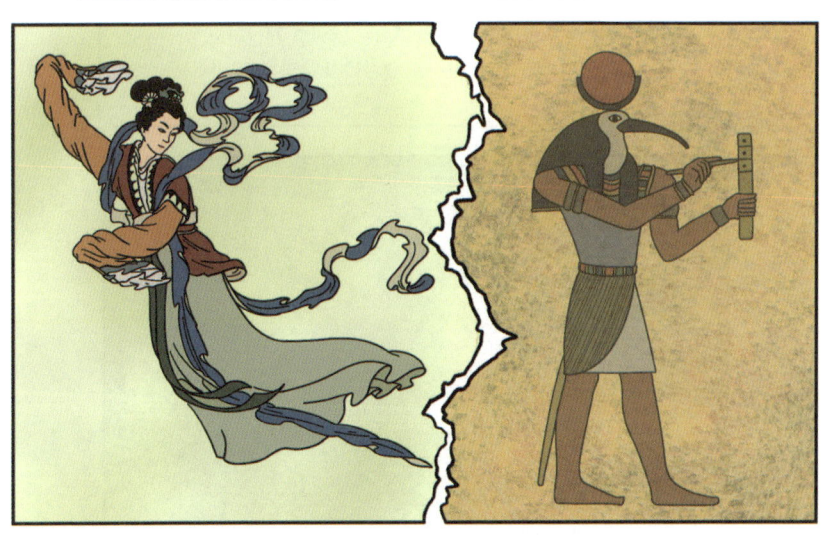

각각 달의 신으로 등장합니다.

재미있게도 이들 중 다수는 시간을 함께 관장하는데요.

이는 많은 문명에서 달의 변화로 날짜를 계산하고,
달을 기준으로 농사 시기를 결정했기 때문일 겁니다.

이렇게 우리와 가까운 사이인 달은

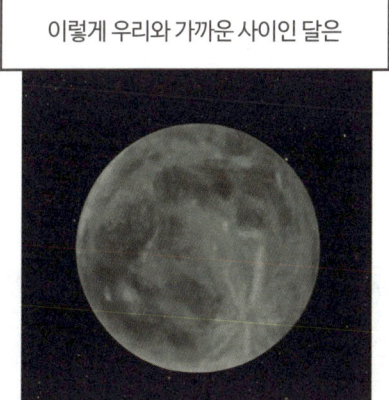

사실

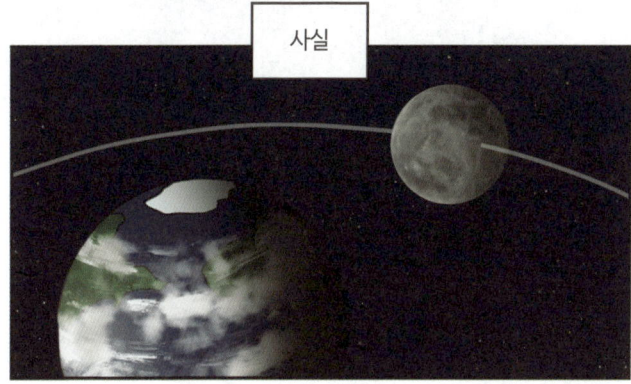

우리 생각보다 훨씬 먼 친구입니다.

제2차 세계대전 이후 강대국들의 경쟁은
이전과는 다른 양상으로 전개되었습니다.

세계 패권을 쥔 미국과 소련은 '냉전'이라는 이름의 총성 없는 전쟁을 벌였습니다.

군비 경쟁 그 이면에는 이데올로기의 대립 같은
복잡한 이념 갈등도 있었죠.

우주와는 별 관계가 없어 보이는 이 대결은
1957년 새로운 국면에 접어들었습니다.

1957년 10월 발사된 최초의 인공위성 스푸트니크는
소련의 과학적, 기술적 우위를 보여줌과 동시에

소련의 기술력은
세계 제일!!

소련의 로켓이 언제든지 미국을 노릴 수 있음을 보여주었죠.

이 사건을
'스푸트니크 쇼크'라 부릅니다.

미제놈들 머리 위로
순식간에 차르봄바를…!

이에 자극을 받은 미국도 우주 개발과 과학 교육에 뛰어들었습니다.

곧바로 위성을 쏴 분위기 역전을 시도했고, 거금을 들여 교육 시스템을 개선했으며, 미 항공 우주국(NASA)이 설립되었습니…

미국이 서둘러 준비한 뱅가드 로켓은 궤도 진입도 못하고 폭발했으며

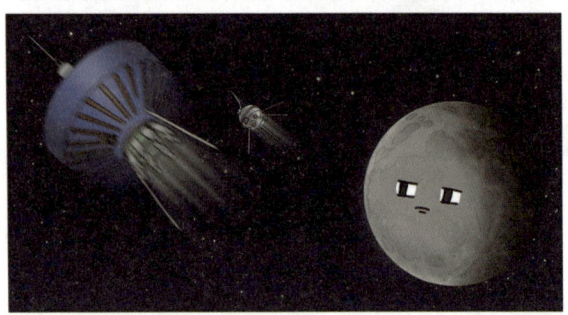

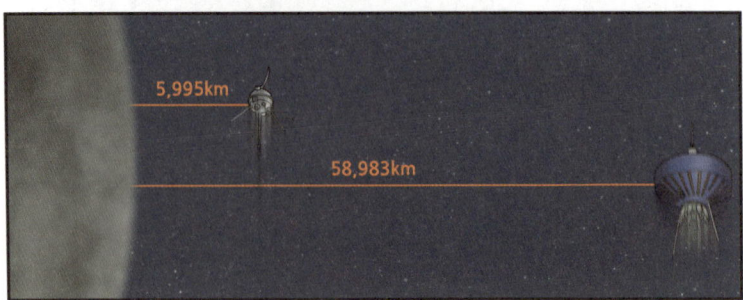

기세를 몰아 소련은 같은 해 9월
루나 1호를 달에 보냈고요.

말 그대로 도착만 했지,
착륙한 건 아닙니다만…
그래도 성공한 게 어딥니까.

이어서 한 달 후에는 루나 3호로
달의 뒷면 사진을 찍는 데 성공했습니다.

1961년 4월 소련은 보스토크 프로그램을 성공시켰고, 유리 가가린이 최초로 지구 궤도를 돌았습니다.

미국의 머큐리 프로그램보다 한 달이나 앞선 결과였죠.

결국 미국의 대통령 존 F. 케네디는 최후의 카드를 꺼내 듭니다.

10년 안에 달로 사람을 보낸다!
케네디의 야심 찬 선언으로 아폴로 계획이 시작되었습니다.

아폴로 계획이 시작되고,
미국은 총 250억 달러라는 거금을 투자했습니다.

소련도 보고만 있지는 않았습니다.

루나 계획을 계속 이어가 1966년 루나 9호를 달에 착륙시키고

이번엔 추락이 아니라 진짜로 '착륙'을 했다는 점이 포인트!

곧이어 루나 10호를 달 궤도에 안착시키는 데 성공합니다.

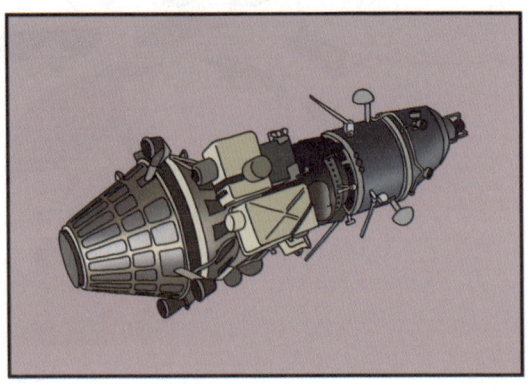

하지만 소련의 달 탐사 계획은
무인 탐사에서 그쳤죠.

사실 유인 달 탐사도
비밀리에 진행됐지만
순조롭지 못했습니다.

반면 미국은 유인 임무에 속도를 올렸습니다.

제미니 계획을 통해 궤도 비행,
랑데부 등 아폴로 미션에 필요한 기술을 확보했죠.

'쌍둥이자리(Gemini)'라는
이름처럼 2인 우주선 구성이네요.

제미니 계획의 성공적 마무리 이후에는 미국의 연전연승이었습니다.

1968년 아폴로 8호에 세 명의 우주인이 탄 채
달 궤도를 돌고 복귀하는 데 성공했고,

바로 이듬해인 1969년,
아폴로 11호가 고요의 바다에 착륙했습니다.

한 사람에게는
작은 발걸음이지만,

인류에게 있어선
위대한 도약입니다.

케네디의 연설이 있고 나서
딱 8년 후의 일이었습니다.

그렇게 아폴로 17호까지 총 여섯 번의 착륙 후,
1972년 아폴로 계획은 종료됩니다(13호는 실패).

사람을 달로 보낸 이후,
케네디의 바람대로
미국은 우주 경쟁에서 승리했고

보란 듯이 아폴로 계획을 성공시킨
미국의 다음 유인 임무는 무엇이었을까요?

… 없어요.

그, 그게
무슨 소리요?

다음이… 없다니…?

네,
아폴로 이후의 유인 임무는 이루어지지 않았습니다.

생전 고인의 쩌는
미션 영상을…

가장 큰 이유는 역시 돈 문제였습니다.

250억 달러는 결코 적은 돈이 아니었죠.

유인 탐사에 도전하기 힘든 가장 큰 장벽이 '돈 문제'인 것은 다른 나라에서도 마찬가지였고요.

게다가 라이벌 소련이 패배를 선언한 이상 더 이상 무리한 도전은 필요하지 않았죠.

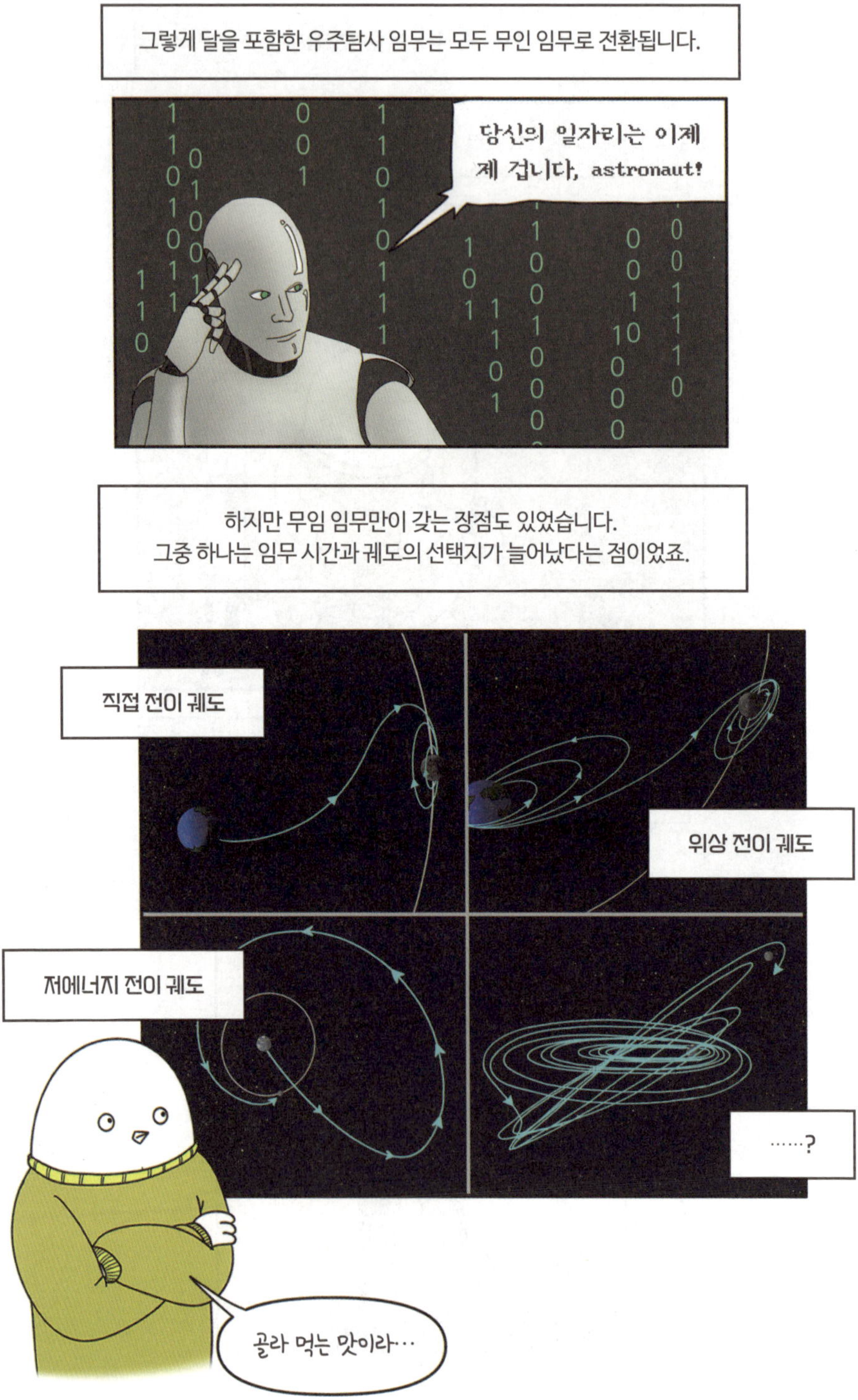

사용하는 연료를 극단적으로 줄인
저에너지 전이 궤도를 택한 일본의 히텐,

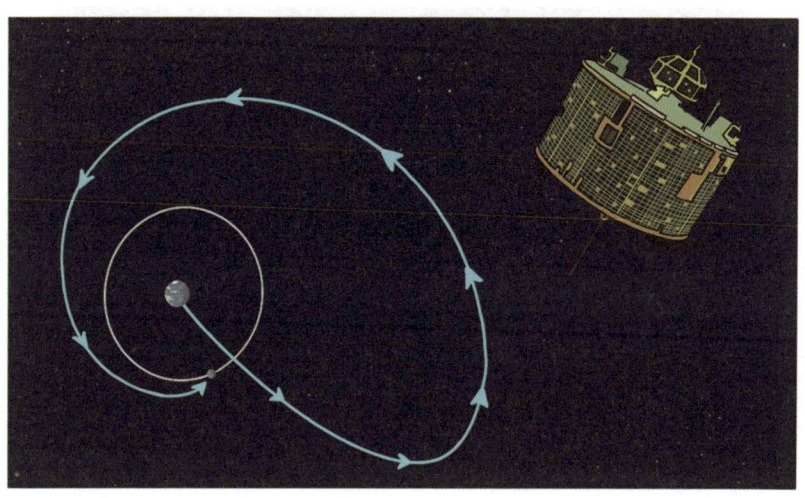

추력은 낮지만
수명이 긴 이온 추진기를 사용해 무려 3년을 비행한
유럽의 SMART-1,

서서히 궤도를 조절하며 목표 궤도에 진입하는
위상 전이 궤도를 택한 가구야 등이 좋은 예죠.

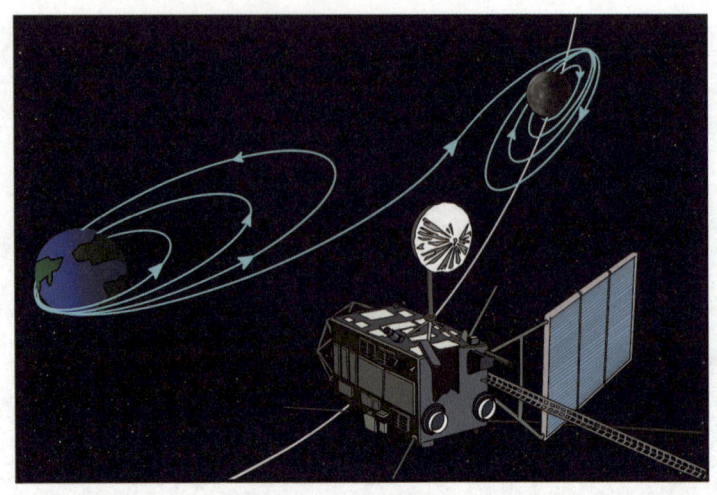

이런 궤도를 택하면 시간 면에서는 손해를 보지만,
연료도 절약하고 궤도 정확성도 늘어납니다.

그래서 지금도 많은 국가의 탐사선들이
히텐이나 가구야와 같은 궤도를 사용합니다.

내가 시간을
잡아먹은 건
정확도를 얻기
위함이었다!!!

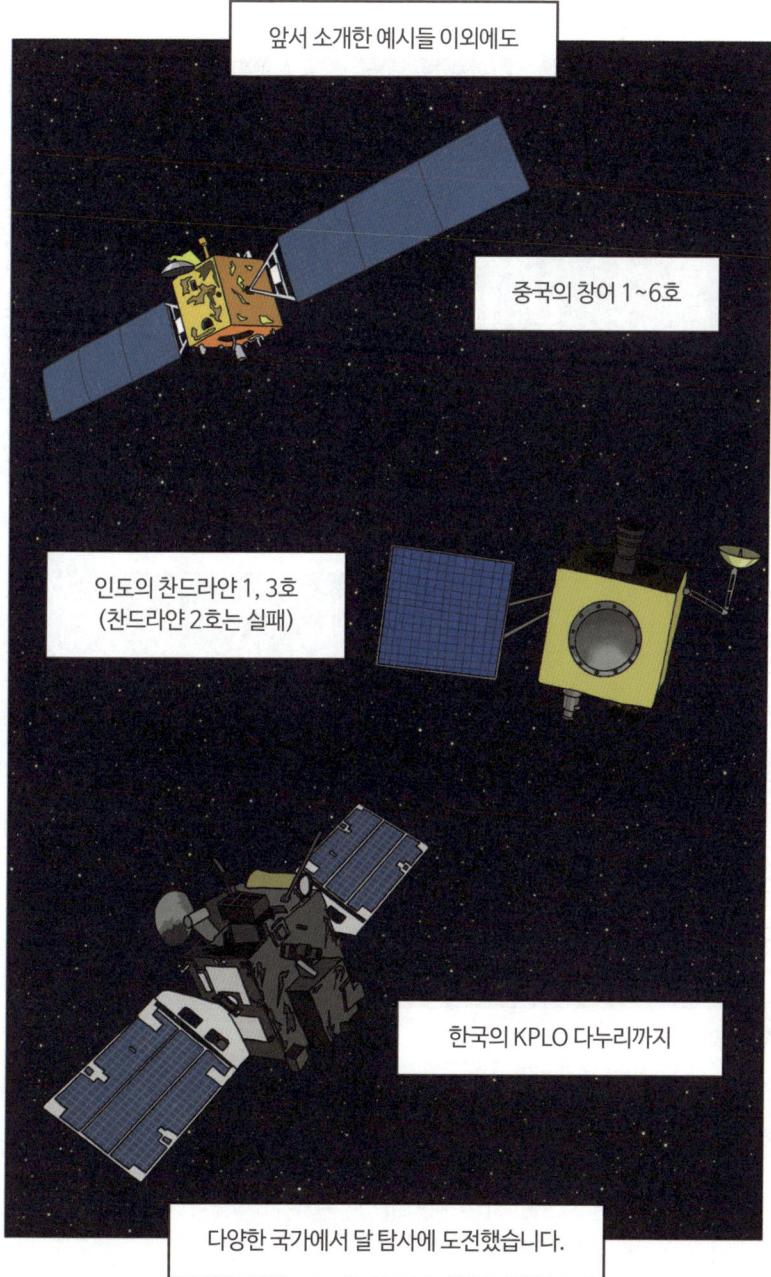

몇몇 미션에서는 궤도에 그치지 않고
아폴로 미션처럼 착륙을 시도했으며,
달 표면에서는 로버를 운용하기도 했습니다.

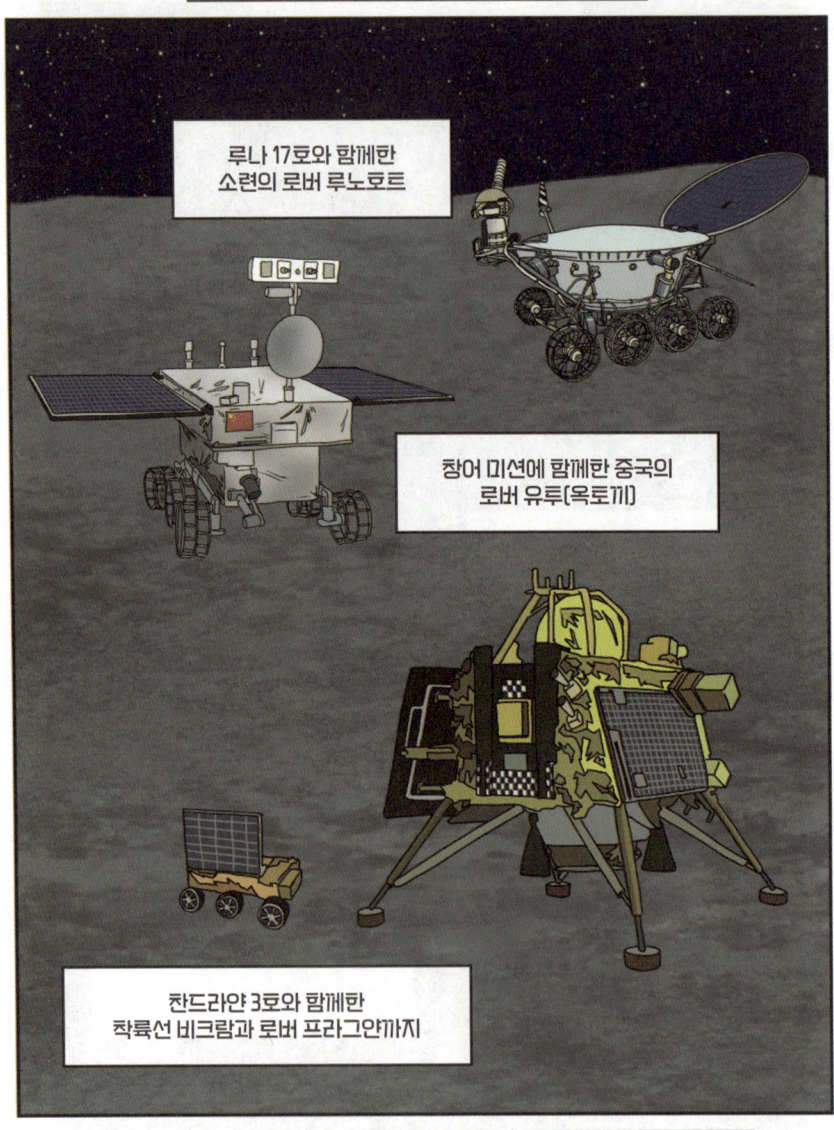

루나 17호와 함께한
소련의 로버 루노호트

창어 미션에 함께한 중국의
로버 유투(옥토끼)

찬드라얀 3호와 함께한
착륙선 비크람과 로버 프라그얀까지

1959년 루나 1호 이후 140대가 넘는 탐사선이 달로 향했습니다
(실패 포함).

우리나라는 어떨까요?

우리나라도 달 궤도선 다누리(KPLO)가 있습니다.

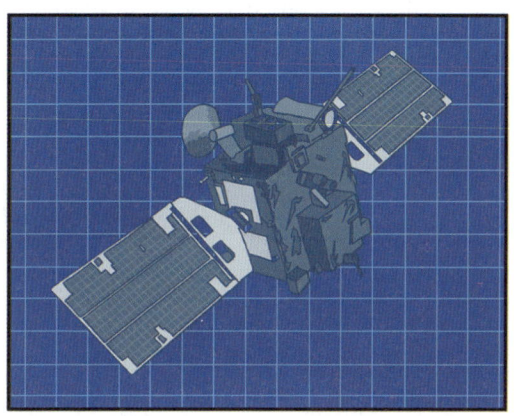

궁금하지 않나요?

우리의 달 탐사는 어디까지 왔고,
앞으로 어떻게 진행될까요?

그 이야기는
다음 화에서 이어 갑시다!

블러드문, 블루문, 슈퍼문

'블러드문'은 월식 때 어두워진 달을 부르는 다른 이름입니다. 달이 지구 그림자에 상당 부분 가려지게 되면 지구 대기에서 산란하고 남은 소량의 붉은빛만 달에 닿게 됩니다. 이때 달은 평소보다 어둡고 붉은빛을 띠게 됩니다. 이 상태의 달을 '블러드문'이라고 부르죠.

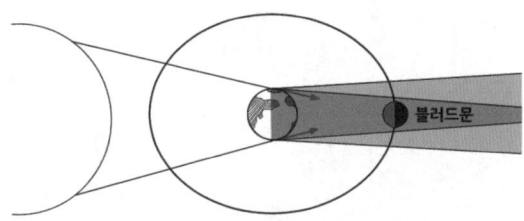

'블루문'은 한 달에 보름달이 두 번 뜰 때 두 번째 보름달을 부르는 이름입니다. 보름달은 약 29.5일에 한 번 뜨는데 한 달은 사실 이보다 조금 길죠. 이 때문에 윤달과 마찬가지로 2~3년에 한 번 정도 한 달에 두 번 보름달이 뜹니다. '블루문'이라고 부르지만 특별히 파란색으로 보이지는 않아요.

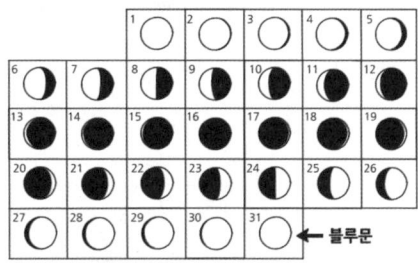

가장 최근의 블루문이 있던 2023년 8월

'슈퍼문'은 달이 지구와 가장 가까이 위치할 때 뜨는 보름달입니다. 달의 궤도가 완벽한 타원이 아니어서 발생하는 현상입니다. 반대로 지구와 가장 멀리 떨어졌을 때 뜨는 보름달은 '미니문'이라고 부릅니다. 달의 궤도가 타원이라고는 해도 거의 원에 가깝기 때문에 슈퍼문이라고 해도 육안으로 느껴질 만큼 극적인 변화는 없습니다.

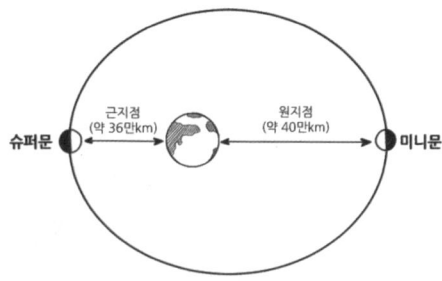

6화

한국의 첫 달 궤도선, 다누리 이야기

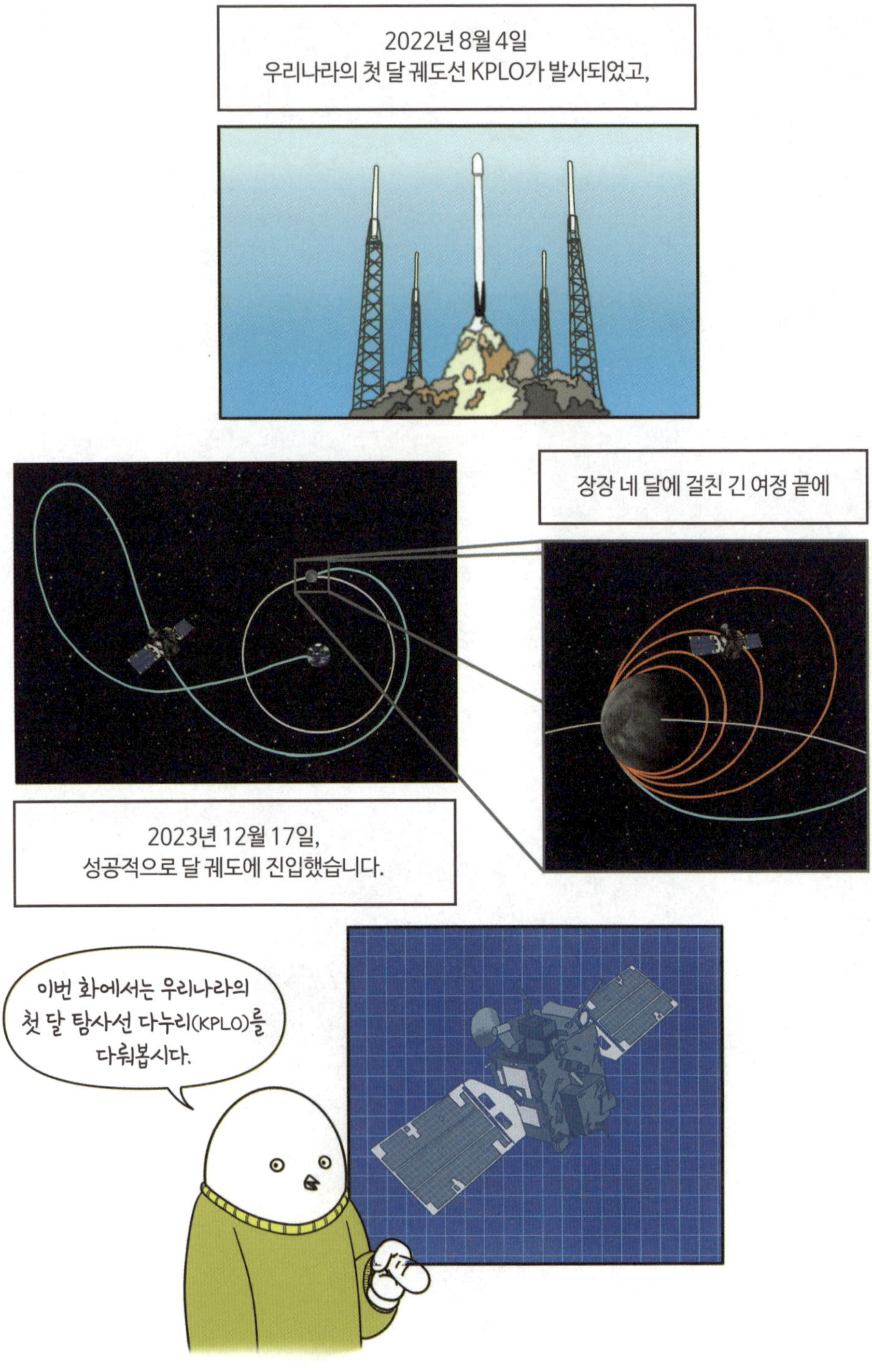

이번에 발사된 다누리(KPLO)는 한국형 달 탐사선의 1단계 사업으로

궤도선의 성공 이후에는 착륙선이 계획되어 있으며

2024년 기준, 전 세계 50개국이 참여하는
아르테미스 프로젝트의 일부이기도 합니다.

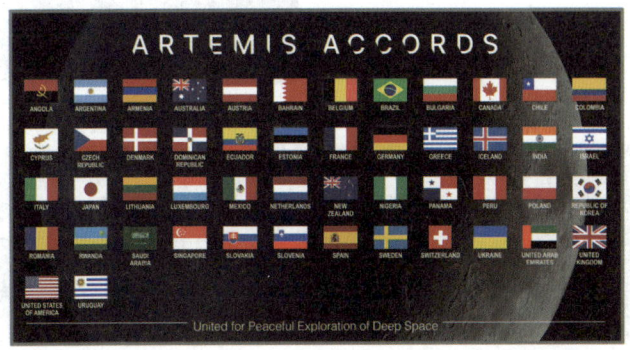

그럼 다누리는 어떤 임무를 맡고 있는지 여섯 개의 탑재체를 중심으로 알아봅시다.

첫 주자는 항공우주연구원의 고해상도 카메라(LUTI)입니다.

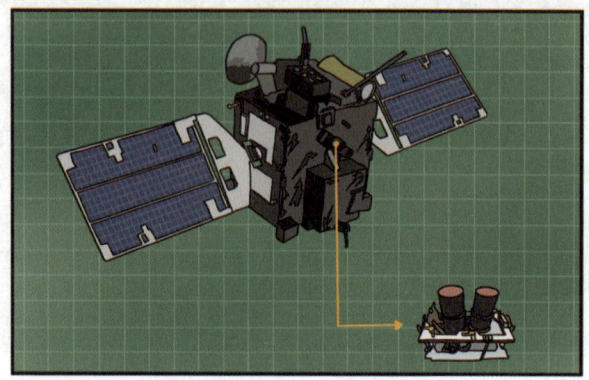

카메라 성능은 역시 사진으로 봐야죠. 항우연에서 공개한 사진들을 봅시다.

달 상공에서 촬영한 지구(2023. 12. 31)

지구와 달(2023. 11. 28)

슈뢰딩거 계곡. 진짜 계곡은 아님(2023. 3. 24)

멋지긴 하지만 사진을 보면 뭔가 이상합니다.

사진이 왜 흑백이죠?

아폴로 때도 컬러였는데, 왜 21세기에 흑백이냐고!

사실 달은 맨눈으로 봐도 회색입니다.
별다른 색이 없는 흑백 천체죠.

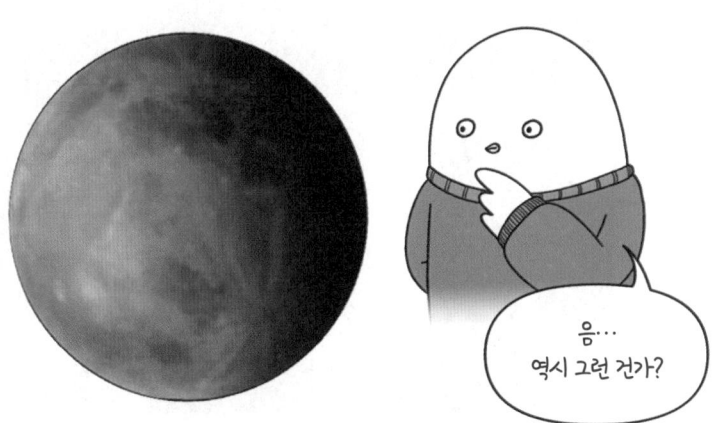

음…
역시 그런 건가?

그러니 굳이 비싸고 무거운 컬러 장비로
만들 필요가 없었던 겁니다.

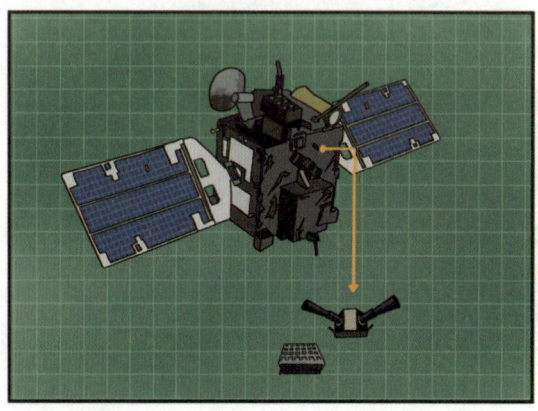

다음은 천문연구원의
광시야 편광카메라(PolCam)입니다.

이것도 직접 보여주는 게
이해가 더 빠르겠네요.

비슷한 듯하면서
뭔가 조금씩 다른…

430mm 파장의 120, 60, 0도 필터

물체는 표면에 따라 반사하는 빛이 조금씩 다릅니다.
천문학자들은 편광카메라로 그 차이를 찾아내죠.

이걸 잘 이용하면 반사된 빛을 통해서
표면의 성질이나 구성을 추측할 수 있습니다.

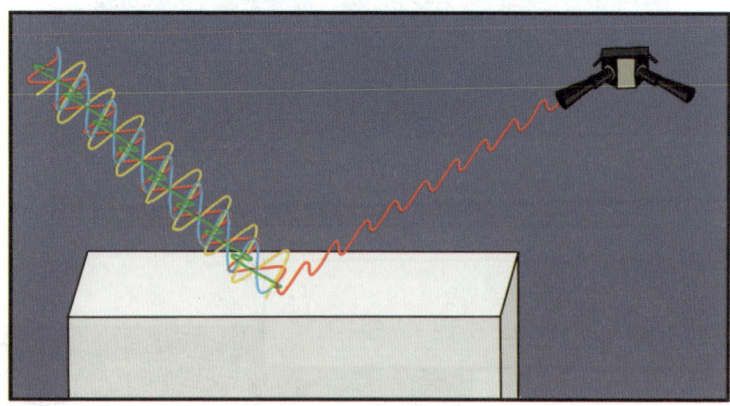

다누리의 편광카메라는
달 표면을 대상으로 이러한 작업을 수행하고,
달 표면 입자의 크기나 모양, 구성을 알아냅니다.

다음은 NASA의 영구음영지역 카메라, 다른 이름으로는 '섀도캠'입니다.

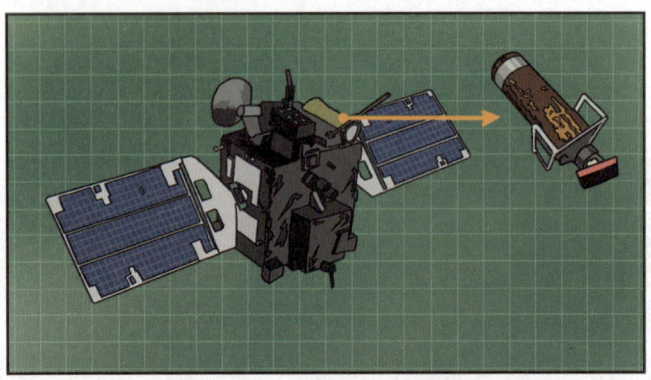

이름에서 알 수 있듯이, 이 카메라는 달의 어두운 지역을 조사합니다.

보인다, 보여~

특히 북극과 남극 주위 충돌구의 그늘진 곳을 주목표로 하죠.

지질자원연구원의 감마선분광기(KGRS)와
경희대학교의 자기장측정기(KMAG)도 있습니다.

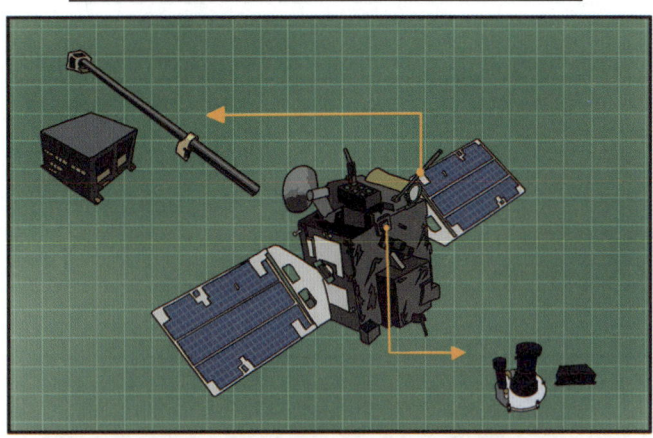

이름대로 각각 감마선과 자기장을 측정하며

감마선분광기로는
달 표면의 원소 분포를,

다누리가 만든 달의 토륨 지도

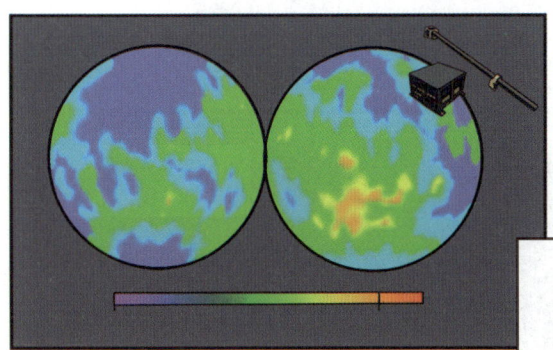

자기장측정기로는
달의 미약한 자기장 지도를
만들 수 있습니다.

마지막으로 정보통신연구원의
우주인터넷 검증기(DTNPL)가 있습니다.

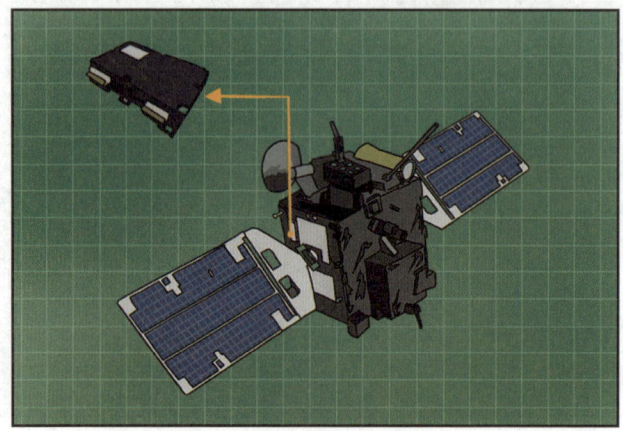

다누리는 지구 주위 인공위성과는
비교도 안 될 정도로

엄청나게 먼 거리에서
지구와 통신해야 하죠.

그래서 심우주 통신 기술이 필요하고,
이를 위해 35m 안테나와 합을 맞춰야 합니다.

그것도 하나가 아닌 셋이나 필요한데

하나는 우리나라 여수에 있고,
나머지 둘은 스페인과 미국의 도움을 받습니다.
적어도 한 대는 항상 달을 향하기 위해서죠.

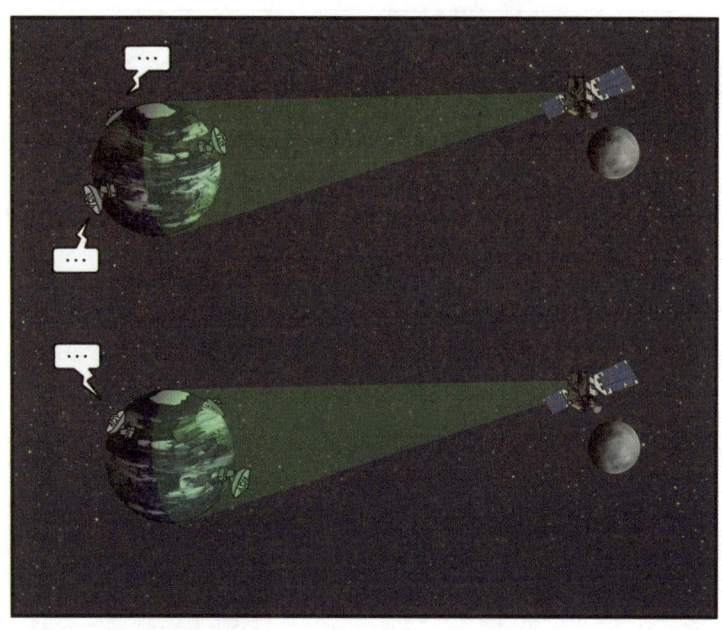

이번엔 다누리의 독특한 궤도에 대해 알아봅시다.

다누리는 독특하게 태양으로 가까이 간 다음,
라그랑주점 주변에서 크게 선회하여 다시 달로 돌아가는 형태입니다.

이런 궤도를 '탄도형 달 전이 궤적(BLT)'이라고 부르죠.

영어 약자는 같지만, 그거 아닙니다.
그리고 재미도 없어…

탑재체의 무게가 늘어나면서 연료를 효율적으로 사용하기 위해 이 궤도를 선택했는데요.

어… 많긴 하지.

약 600만 km를 항해하는 4개월의 긴 여정이었지만, 그 결과 기존보다 20~25%의 연료를 아낄 수 있었습니다.

BLT가 이렇게 효율 좋을 줄 몰랐어요오오!

그동안 연료의 25%를 손해봤어!

이 외에도 달 궤도에 안착하는 과정에서도
예정된 다섯 번이 아니라 세 번의 감속만으로 성공해
30kg 가량의 연료를 절약할 수 있었기에

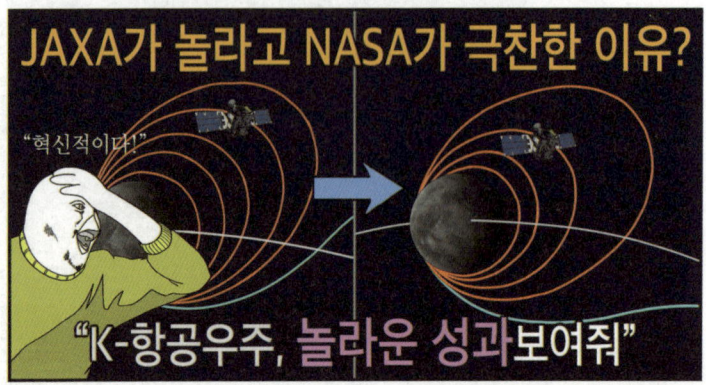

임무 기간을 2년이나 연장할 수 있었고,

덕분에 다누리는 2025년 말까지
하루에 12번 달을 돌며 임무를 수행할 것입니다.

2024년 7월 기준 2026년까지 연장임무 예정

그럼 다누리의 뒤를 이을 다음 달 탐사선은 뭘까요?

궤도선 다음에는 착륙선이 갈 차례입니다.

이 착륙선에는 숨겨진 동료가 세트로 탑승해 있는데요.

바로 달 로버입니다.

많은 탐사에서 인간은 직접 가지 않습니다.
특히 우주라면 더더욱 그렇죠.

인간이 가기엔 너무 멀거나

심우주 탐사선 보이저

인간의 몸으로는 갈 수 없거나

태양 탐사선 파커

인간의 능력으로는 할 수 없는 일투성이니까요.

화성 드론 인제뉴어티　　　극지 탐사 로버(개발 중)

때문에 우리나라도 월면 로버에 관심을 갖고 있습니다.

그중 '무인탐사연구소(UEL)'라는 기업에서
꽤 흥미로운 로버를 여럿 개발 중인데요.
아래의 사륜 로버 '해태'를 대표로 꼽을 수 있습니다.

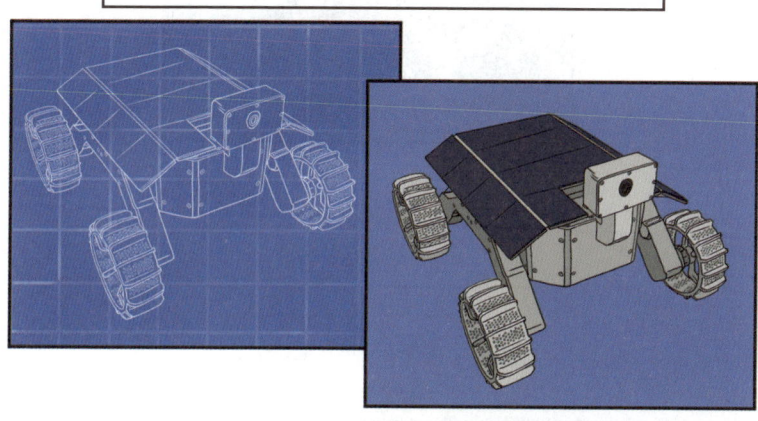

큰 몸체 안에는
다양한 장비가 담기며

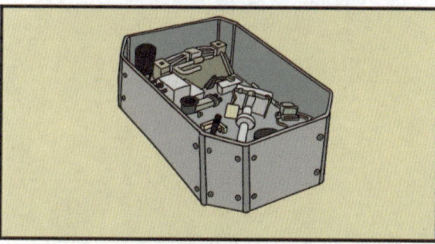

태양전지로 어느 정도
자체 동력을 공급받고

베벨기어 서스펜션 덕분에
굴곡 있는 지형도 문제없죠.

여기서 특히 눈여겨볼 부분은 카메라의 보관 방법입니다.

접어서 부피를 줄이는 방식은 꽤 중요한 공학적 기술입니다.

특히 우주에서요.

접는 기술은 제임스 웹 망원경에서 한번 소개드린 적이 있죠?

이 기술은 다음 이륜 로버의
바퀴에서 더욱 빛을 발합니다.

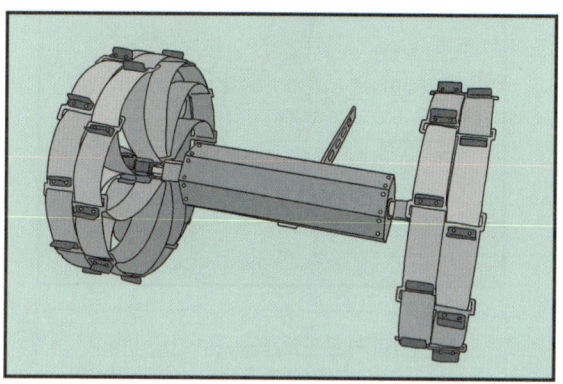

특수한 디자인의 스프링강 바퀴는
극단적인 부피 변화를 보여주죠.

다시 봐도 신기한 구조네요.

가히 소형 로버 적재에
최적화된 디자인이라 하겠습니다.

2032년에 발사될 달 착륙선에서는 어떤 로버가
우리나라를 대표해 달 표면을 누비게 될까요?

무인탐사연구소의 로버도 입찰 경쟁 중

그리고 2026년까지 다누리는
우리에게 어떤 새 소식을 가져올까요?

우리나라 달 탐사의 밝은 미래를 기원하며,
이번 화를 마무리하겠습니다.

잠깐 상식

마주 보는 달

밤하늘에 뜬 달은 항상 우리에게 앞면만 보여줍니다. 우리는 지구에서 달의 뒷면을 볼 수 없죠. 이는 달이 자전 주기와 공전 주기가 일치하는 동주기 자전을 하기 때문입니다. 그런데 우리가 보는 달의 앞면도 조금씩 변화한다는 사실, 알고 있었나요? 인터넷에서 달 사진을 서너 개 찾아 비교해보면 가장자리 크레이터가 조금씩 다른 것을 확인할 수 있습니다. 이를 달의 '칭동(libration)'이라 합니다.

칭동 현상은 달의 궤도가 완벽한 원이 아니라 이심률을 지닌 타원이고, 그 궤도가 약 6도 기울어져 있기 때문에 발생합니다. 이외에도 세차 운동이나 지구의 자전축 기울기도 칭동을 발생시키죠. 그래서 우리는 달 표면의 약 59%를 볼 수 있습니다. 달은 매일 우리와 마주 보고 있지만, 매일 같은 모습만 보여주는 건 아니라는 뜻이죠.

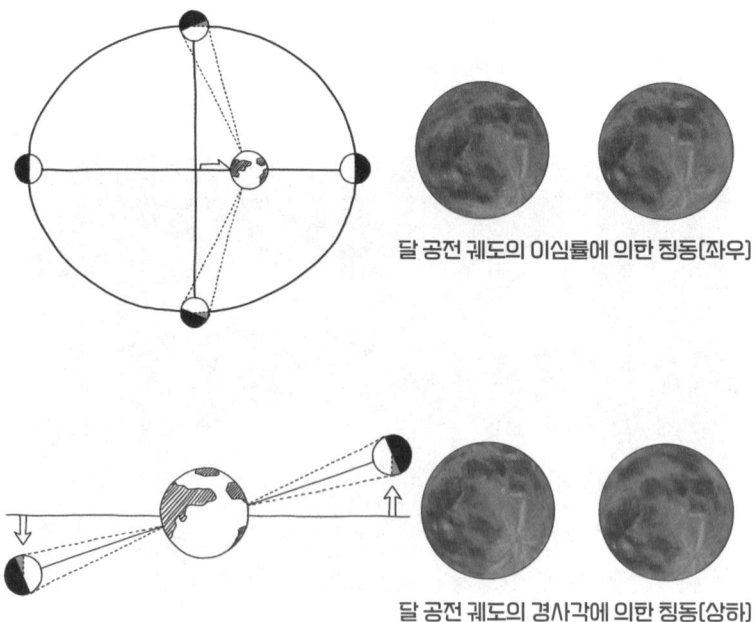

달 공전 궤도의 이심률에 의한 칭동(좌우)

달 공전 궤도의 경사각에 의한 칭동(상하)

7화

인류는 왜 자꾸 달에 가려고 하는가?

앞에서 미국과 소련의
우주 경쟁부터 시작해

미국의 승리에 쐐기를 박은
'아폴로 계획'을 거쳐

세계 각국의 달을 향한 도전을
가볍게 살펴봤는데요.

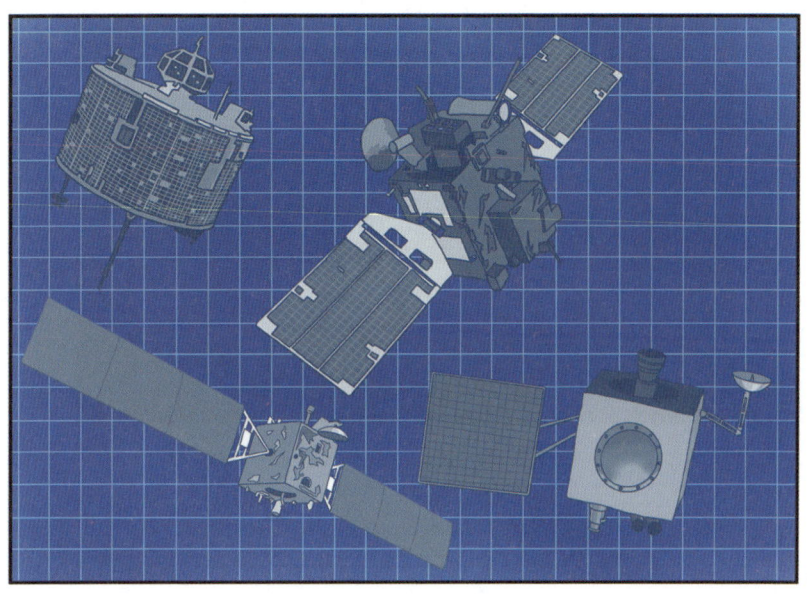

인류는 '아르테미스 프로젝트'를 통해
다시 한 번 달을 밟으려 합니다.

'아르테미스'는 전 세계 21개국과 스페이스X 같은 사기업까지 참여하는 초대형 프로젝트인데요.

2022년 11월에는 우주선 오리온을 탑재한 아르테미스 1호가 발사됐고,

다음에는 사람을 태워 발사한다고 합니다.

그런데 궁금하지 않나요?

세계 각국은 왜 달에 가려고 하는 것일까요?

아폴로 계획에도 상당한 거금이 들었는데,
달에 가면 그만큼의 이득을 볼 수 있는 걸까요?

사실 오늘날 우리가 달에 간다고 해서
당장 얻을 수 있는 경제적, 산업적 이득은…

없습니다.

그런 건 없다.

우주기술 분야 주식이야 좀 오를 수 있겠지만,
우리가 느낄 수 있는 변화는 없지요.

우주코인 떡상 기원~

하지만 장기적으로 보면 얘기가 다릅니다.
달에는 우리가 생각하는 것보다
훨씬 많은 가능성이 숨어 있거든요.

첫 번째는 '헬륨-3'입니다.

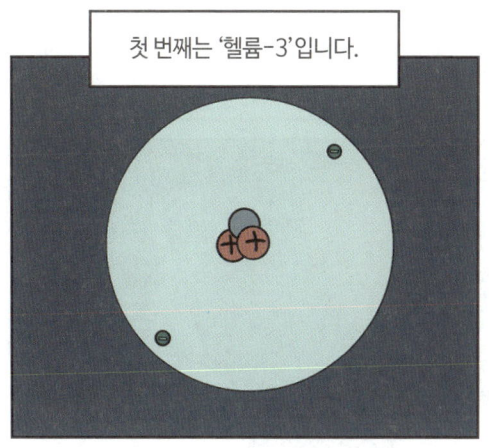

헬륨-3는 태양의 핵융합 과정에서 발생하는 헬륨의 동위원소 중 하나인데요.

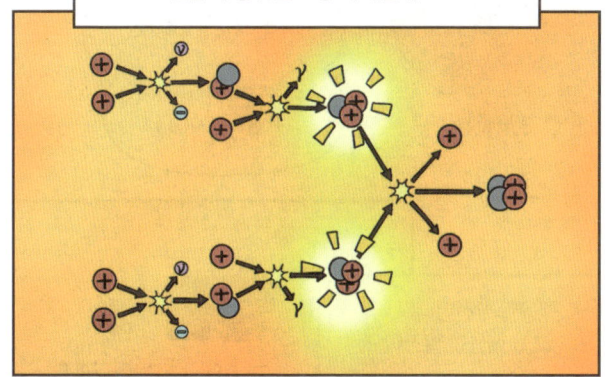

태양풍에 의해 지구와 달로 날아오지만, 지구에서는 자기장에 의해 막히고 맙니다.

하지만 달에는 마땅한 자기장이 없어 헬륨-3가 그대로 쌓입니다.

(헬륨-3로) 촉촉하게 만들어주지!

그럼 제일 중요한 것! 이 헬륨-3를 어디에 쓸 수 있을까요?

바로 핵융합 발전입니다. 그것도 고효율 핵융합 발전이요.

두 번째는 희토류 금속입니다.
주기율표에서 이 줄의 원소가 희토류인데요.

여기 이 보라색 칸
17개입니다.

이름과 달리 그리 희귀한 것은 아닙니다.
다만 우리가 사용하기 편한 형태로 만들기가 힘들죠.

희토류를 채굴하고 추출하고 분리하고 정제하는 과정은
유독성 폐수를 발생시킵니다.

희토류가 들어 있는 광물은
대부분 방사성 원소도 함께 가지고 있어
방사능 오염수도 함께 발생합니다.

이 양이 어느 정도냐 하면

희토류 1톤을 공정할 때 황산이 포함된
독성가스 6.3만㎥와 산성폐수 20만 리터,
그 외 중금속과 방사능 폐수도 다량 발생합니다.

아무리 생각해도
수지가 안 맞는 느낌이…

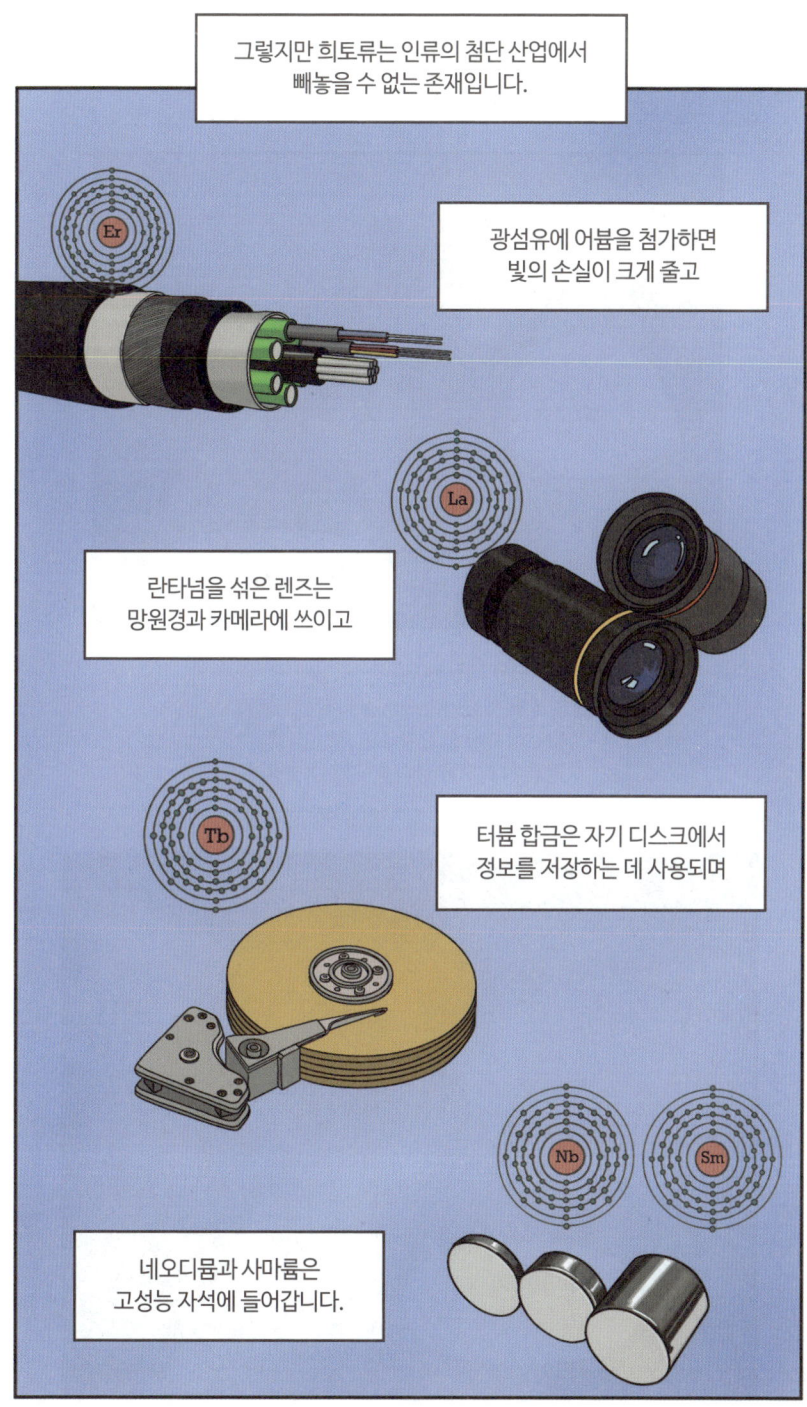

계록과 같은 원소들이지만,
앞으로는 상황이 달라질 수 있습니다.

달과 소행성 표면에 많이 포함된 희토류를
달에서 채굴하고 지구로 운반한다면
오염 없이 희토류 금속을 구할 수 있겠죠.

세 번째는 달 기지입니다.

영화에서나 볼 법한 SF 설정이 아닙니다.
지금도 지구 저궤도에는 우주정거장이 있지만,

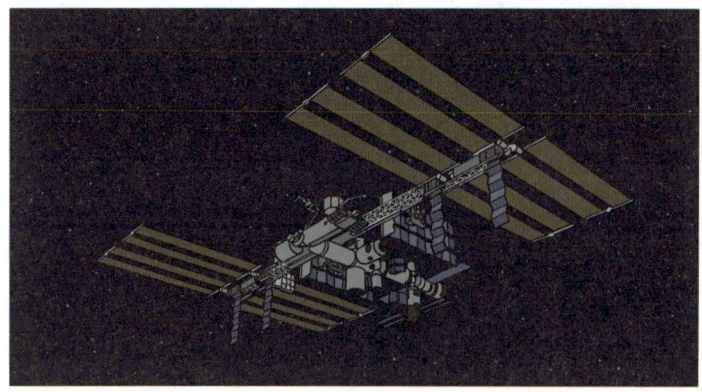

비슷한 정거장을 달에도 짓게 된다면
심우주 탐사의 전초 기지로 사용할 수 있습니다.

인류 문명이 우주로 한 걸음 더 도약하는 것이죠.

마침 다누리와 찬드라얀 3호 등이
달에서 얼음을 찾고 있는데

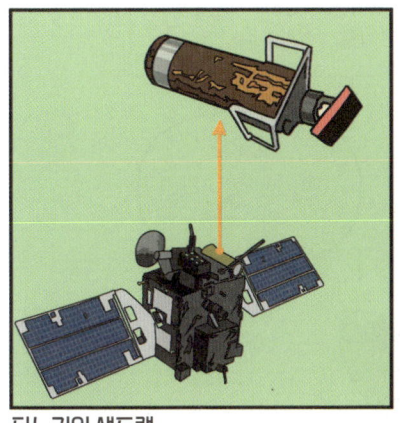

다누리의 섀도캠

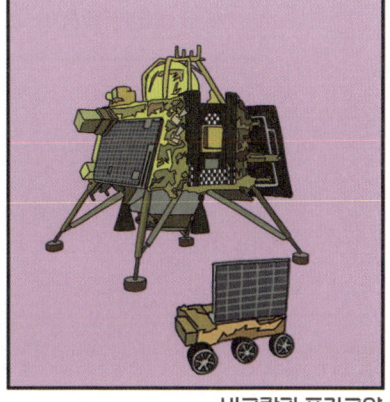

비크람과 프라그얀

만약 달에서 얼음 형태의
물을 수소와 산소로 분해한다면
달 기지의 연료로 사용하는 것도 가능합니다.

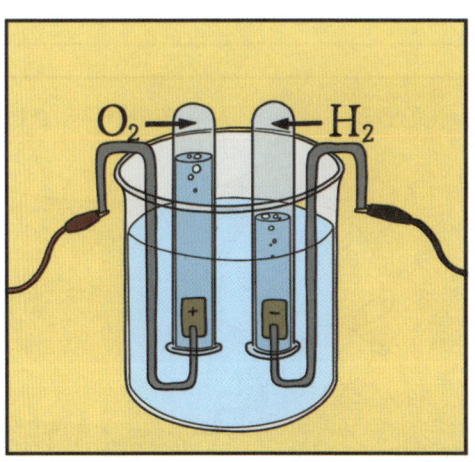

현지에서 조달하는 자원은
장기간 거주에 분명 큰 도움이 되겠지요.

이뿐만이 아닙니다.

달을 개발해서 얻을 수 있는 직접적인 이익 외에
다양한 파생 기술도 기대할 수 있습니다.

영어로는
'스핀오프 기술'이라고
합니다.

'파생 기술'이란 우주 개발에 쓰인 기술이
다른 분야로 확장되어 사용되는 것을 뜻합니다.

NASA의 기술력으로 갈아낸
진X회관의 콩국수처럼 말이죠.

참고로 이건 진짜입니다.

파생 기술이라고 하면
뭐 그리 대단한 게 있나 싶겠지만,

휴대폰에 쓰이는 GPS 시스템을 비롯해

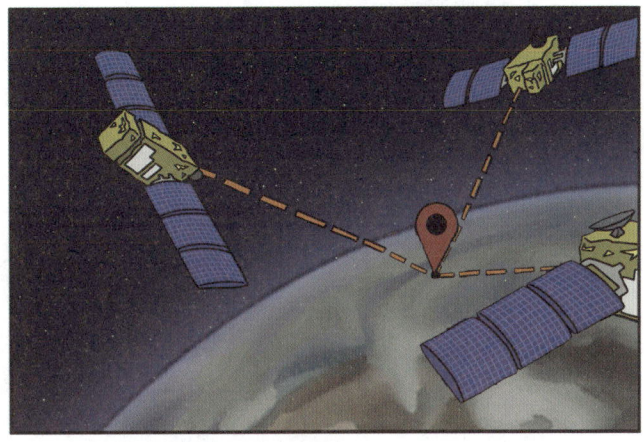

각종 일기예보나 지도가
바로 수많은 인공위성의 산물입니다.

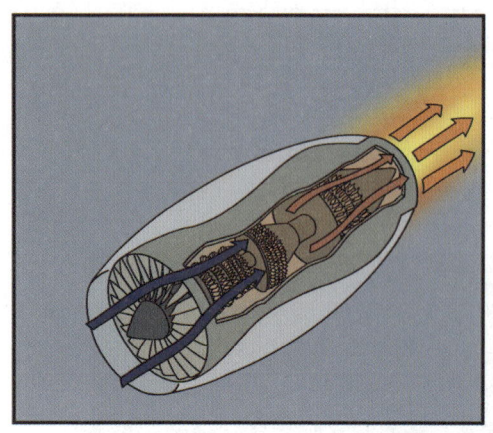

이 외에도

고성능 제트엔진은 많은 항공기에서 우리 여행을 도와주고

안전 제일!

우주복을 만들던 섬유는 각종 운동복이나 특수복에 사용되며

우주 식량을 만들던 기술은 즉석식품에서 찾아볼 수 있죠.

동결건조 기술은 라면 스프에도 들어 있어요.

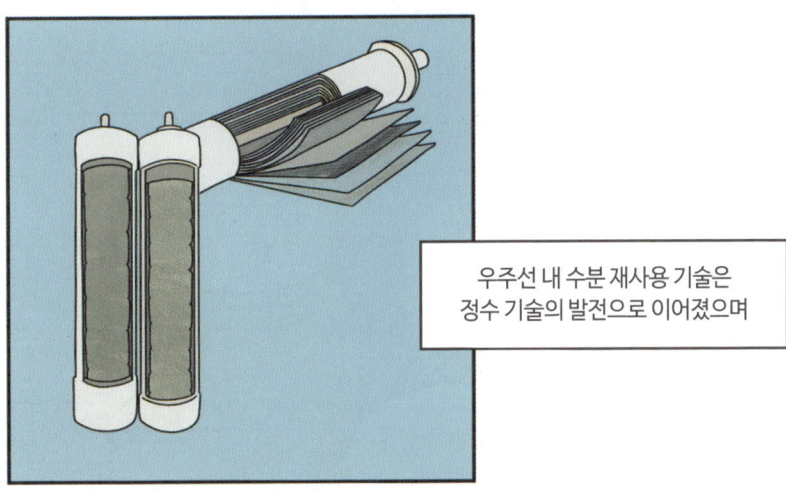

하지만 이 모든 성과는 달에 도착하면
바로 얻을 수 있는 직관적인 보상이 아닙니다.

그럼 과학자들이 달에 가려고 하는
근본적인 이유는 무엇일까요?

솔직히 이거 말고 더 있나요?

인류가 하늘을 바라본 것도
특별한 목적이 있어서가 아니었습니다.

시작은 대부분
흥미와 호기심 때문이었죠.

앎에 대한 욕구가
우리를 여기까지 이끌었고

근원적 의문에 답하며
우주의 비밀을 파헤쳤습니다.

순수한 호기심에서 시작한 도전들은
우리에게 금전적 가치로
환산할 수 없는 것을 가져다주었고

인류의 호기심은
끝없이 이어질 것입니다.

이번에는 그 대상이
달이 된 것뿐이고…

영화 〈인터스텔라〉에서도
이를 잘 보여주는 대사가 나오죠.

사실 예고편에만 등장하는 대사임.

그래서 우리는

다시 한 번 달로 갑니다.

동양과 서양의 달

달이라는 천체는 밤하늘에서 태양 다음으로 밝습니다. 이 때문에 전 세계 문화에서 달과 관련된 이야기를 찾을 수 있죠. 대부분의 신화에서 달의 신을 찾을 수 있고, 주로 농사, 시간과 관련된 의미를 지녔습니다. 하지만 중세를 지나며 동서양에서 그 의미가 다소 달라졌습니다.

우리나라를 비롯한 동양 문화권에서는 정월이나 추석처럼 보름달이 뜨는 날을 명절로 삼았지요. 풍요와 길함의 상징으로 여겼기 때문입니다. 하지만 유럽에서는 보름달을 흉조나 광기의 상징으로 여기기 시작했습니다. 보름달이 뜨면 괴물로 변하는 늑대인간이나 타로에서 불안과 혼돈을 뜻하는 18번 달 카드처럼 말이죠. 영단어 lunatic 또한 달을 뜻하는 lunaticus에서 파생된 단어지만 오늘날에는 '미치광이'라는 뜻으로 쓰입니다.

많은 공포 영화에서 보름달이 뜬 밤하늘을 사건의 전조처럼 끼워 넣는데요. 여기에서도 달에 대한 서양 문화권의 부정적 인식을 엿볼 수 있습니다. 블루문의 블루가 '파랑'이 아닌 '우울함'의 블루인 것 또한 같은 맥락에서 이해할 수 있죠.

할로윈 그림에서 보름달이 배경으로 등장하는 것 또한 같은 문화적 배경입니다.

8화

행성이 되는 기준에 대하여

태양계의 행성은 모두 몇 개일까요?

수금지화목토천해,
보통 이렇게 8개로 알고 있지요.

그런데 이 행성의 수가
바뀔 수도 있다는,

아니 바뀌어야 한다고
주장하는 이들이 있습니다.

이 이야기를 시작하기 전에 우리는
분류학을 살짝 알아봐야 합니다.

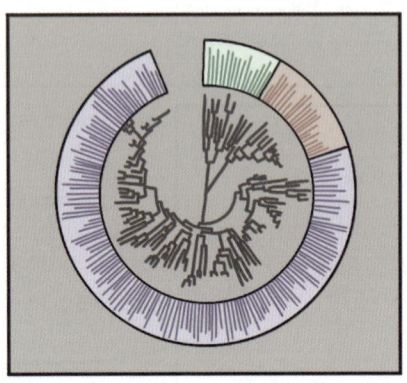

우리는 흔히
두 가지 분류법을 사용하는데요.

(분류법이)
두 개지요~

민속적 분류와 과학적 분류가
그 주인공입니다.

때로는 두 분류를
함께 사용하기도 합니다.

그럼 행성의 분류는 어떨까요?

행성 분류가 논의되기 시작한 건
비교적 최근인 2000년대 초반입니다.

계기는 클라이드 톰보가 발견한
아홉 번째 행성 명왕성,

그리고 마이클 브라운이 발견한
명왕성 너머의 에리스였습니다.

명왕성 다음이었으니 에리스는
열 번째 행성이 될 예정이었죠.

그런데 에리스 이후
비슷한 천체가 계속 발견됐습니다.

이대로라면 태양계 행성의 수가
무리하게 늘어날 것 같았죠.

결국 2006년 8월 24일
국제천문연맹에서 투표를 진행하게 되고

그 결과가 아래의 행성 정의입니다.

1. 태양 주위를 돌고

2. 충분히 무거워 구형을 이루고

3. 자신의 궤도를 정리해야 한다.

이 중 마지막 조건을 충족하지 못한
명왕성과 다른 여러 천체들은 '왜행성(또는 왜소행성)'이 됩니다.

명왕성 탐사선 뉴호라이즌스호가
화성을 지나칠 무렵에 결정된 일이었습니다.

이때 뉴호라이즌스호의 수석연구원 앨런 스턴은
천문연맹의 결정에 반대했습니다.

행성 이름을 외우기 힘들다고
행성의 수를 8개로 제한해요?

그럼 별의 개수도
제한하지 그래요?

동시에 이 정의가 민속적 분류에 영향을 받았으므로
과학적이지 못하다고 주장했습니다.

잠깐만, 행성의 민속적 분류와
과학적 분류도 모르는데

너무 훅 들어오는 거
아니야?

좋아요, 그럼 그것부터 알아봅시다.

시간이 흘러 중세.

코페르니쿠스 혁명을 기점으로 태양이 행성의 자리에서 물러나고, 그 빈자리에 지구가 들어왔습니다.

이 무렵 갈릴레이는 망원경을 사용해 천체들을 관찰하고

그 특징을 상세히 기록했습니다.

그리고 별과 행성에 대해
이렇게 말했죠.

떠돌이별(행성)은 불투명하고 빛을 반사한다.

반면 붙박이별(항성)은 스스로 빛을 낸다.

갈릴레이의 행성 분류에서는
어디를 도느냐가 크게 중요하지 않았습니다.

갈릴레이는 목성의 4개 위성도
행성이라 불렀거든요.

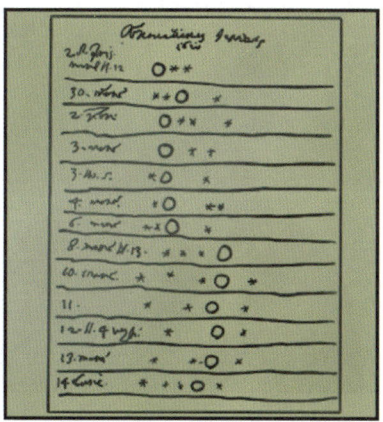

갈릴레이만 그런 게 아니었습니다.

하위헌스와 카시니도
토성의 위성을 행성이라 불렀고,

천왕성을 발견한 윌리엄 허셜도
그 위성들을 행성이라 불렀습니다.

그럼 민속적 분류는 어떨까요?
벌써 눈치채신 분도 계시겠지만, 이 파트는 점성술입니다.

메소포타미아 문명의 바빌론 점성술이 그 시작인 만큼
인류 문명 속의 점성술은 오랜 역사를 지니고 있고,

다양한 문명에서 다양한 형태로 나타났습니다.

점성술사들은 각 행성에 의미를 부여했는데요.

예를 들어 동양에서는
다섯 행성에 원소를 대응시켰고,

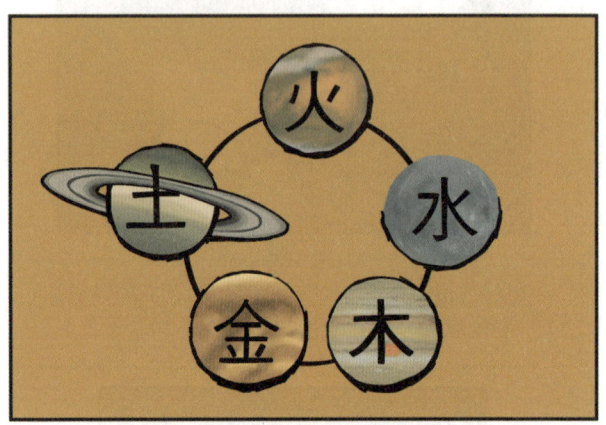

서양에서도 각 행성에 의미를 부여했습니다.
대표적으로 화성은 '전쟁, 열정'을 상징했죠.

점성술의 이러한 의미 부여는
천왕성과 해왕성의 발견 이후에도 이어졌습니다.

목성의 큰 위성들도 예외는 아니었죠.

그런데 관측 기술이 발전하면서
이런 천체들이 기하급수적으로 늘어납니다.

1860년대에 이르러
자그마치 62개의 소행성이 발견되면서

더는 이 '행성'들에 의미를 부여하기 힘들어졌죠.

이때 점성술사들은 묘수를 찾아냅니다.

그렇게 점성술사들은 태양 주위를 돌고 적당히 큰 경우에만 '행성'이라 부르기로 합의합니다.

명왕성의 행성 자격 박탈, 그리고 뒷이야기 1

2006년 국제천문연맹(IAU)이 명왕성을 '왜소행성'으로 분류한 후, 그 파장은 엄청났습니다. 특히 미국인의 거센 반발이 있었는데요, 태양계의 아홉 행성(당시에는 명왕성을 포함) 중 명왕성은 미국인이 발견한 유일한 행성이라 애착이 남달랐기 때문입니다. 톰보가 명왕성을 발견한 지 1년이 채 되지 않아 디즈니에서 새로운 캐릭터에게 '플루토'라는 이름을 붙일 정도였으니, 미국의 명왕성 사랑을 짐작할 수 있겠죠?

앞에서 잠시 언급된 연구원 앨런 스턴을 포함해 많은 명왕성 연구자들도 IAU의 결정에 불만을 가졌습니다. 물론 여기에는 학술적 목적만이 아니라 행성과 왜소행성이라는 명칭의 차이에서 오는 대중의 인지도도 영향을 끼쳤고, 연구 예산 확보 차원에서 '행성 연구자'라는 타이틀을 놓치기 싫어했던 정치적 의도도 섞여 있었습니다. 앨런 스턴은 여전히 명왕성을 아홉 번째 행성으로 불러야 한다고 주장하고 있지요.

9화

명왕성은 행성이 될 수 있을까?

지난 화에서 우리는
과학자들이 인식한 행성의 기준과

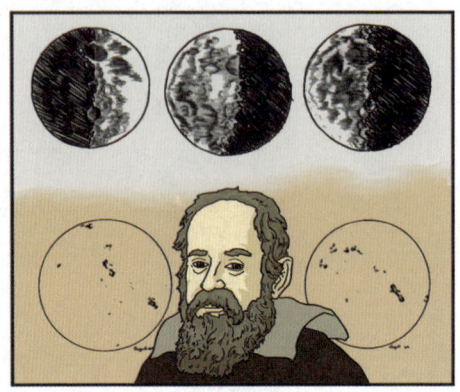

점성술사들이 만들어낸
행성의 기준을 알아봤습니다.

이번 화에서는 점성술의 행성 분류가
어쩌다 천문학에 영향을 미치게 되었고,

논문에서는 새로운 행성의 기준으로
무엇을 제시하고 있는지 알아봅시다.

바로 가시죠!

윌리엄 허셜의 천왕성 발견 이후,
행성과학에 대한 관심은 급속도로 증가했습니다.

수천 년 동안 변하지 않던 일곱 행성에
새로운 멤버가 추가되었을 뿐만 아니라

수학적 예측을 통해 발견한
첫 행성이었기 때문에 그 인기가 대단했죠.

인기, 확정.

나.

발견.

수치상으로도 천왕성이 발견된 후
'천문학' '행성' '위성'에 관한 출판물의 수가
급격히 증가하는 것을 확인할 수 있습니다.

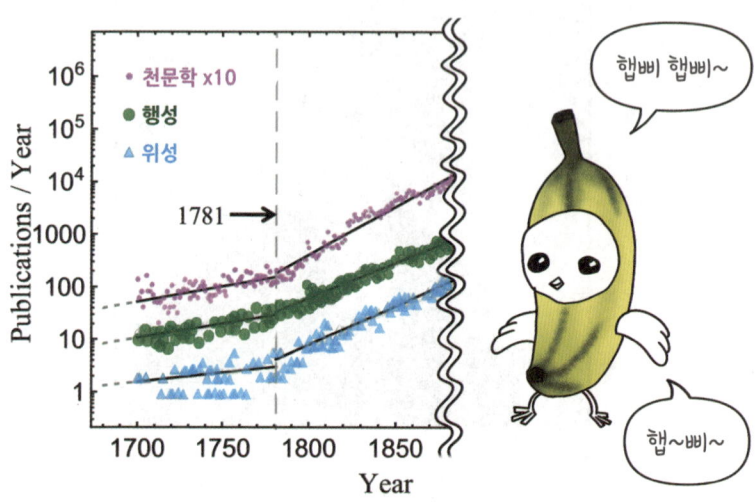

그러다 1910년대에 접어들자
그 관심이 확 줄어들게 됩니다.

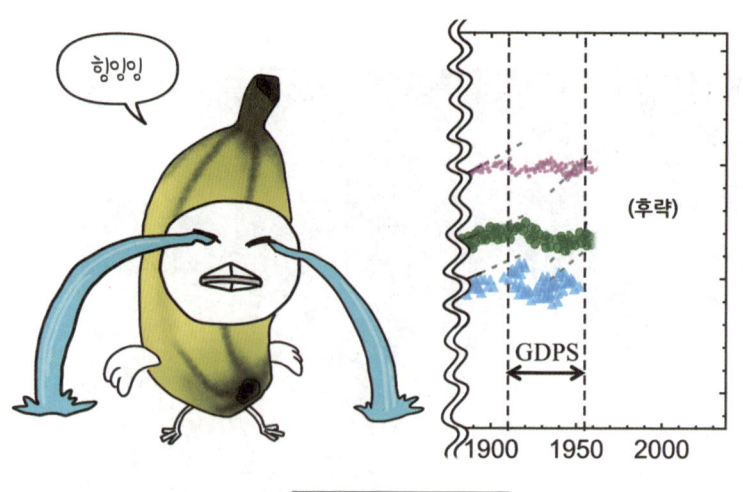

왜 그랬을까요?

이 시기에 행성과학에 대한 관심이 시들해진 건
역사적, 과학적 사건 때문인데요.

우선 역사적으로 제2차 세계대전이 있었고,

뭐, 당연히 전쟁 중에는 천문학 같은 순수학문 연구가 관심을 받기 힘들죠.

과학적으로는 아인슈타인이 상대성 이론을 발표했고,
허블이 안드로메다 은하까지의 거리를 쟀습니다.

우주론과 외부 은하에 대한 발견이 이어지며
천문학자들의 관심이
태양계 바깥으로 이동한 거죠.

이 과정에서 점성술에서의 행성 개념이
대중에게 널리 퍼졌습니다.

하지만, 전쟁이 끝난 1960년대
미국과 소련의 우주 경쟁이 시작되자

[주마등처럼 스쳐 지나가는 지난 회차들]

행성과학에 중흥기가 찾아옵니다.

물론 대중에게 최고의 관심사는 달이었지만 말이죠.

하나씩 살펴볼까요?

천문학자들은 지구에 대기가 있듯
다른 행성에도 대기가 있음을 알아냈습니다.

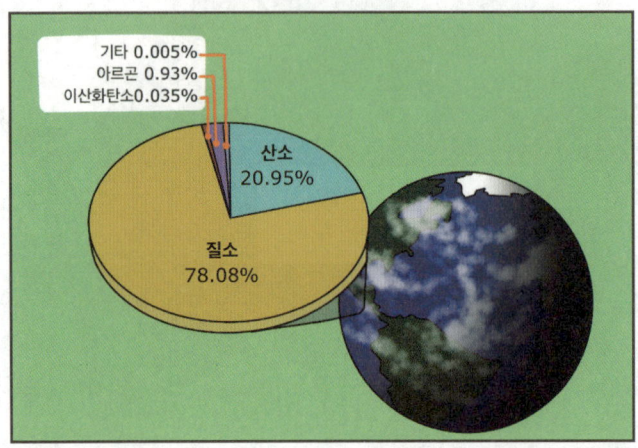

이산화탄소로 가득한 금성의 대기와
두꺼운 메탄을 지닌 타이탄의 대기는
천문학자들의 관심사였죠.

격렬하게 일어나는 지진과 화산 활동도
지구만의 현상이 아니었습니다.

지구와는 사뭇 다르면서도 유사한 구조를 지닌
화성의 지질 현상도 천문학자들의 관심사였습니다.

생명의 조건 중 하나로 여겨지는 바다도
지구의 전유물이 아니었습니다.

목성의 유로파, 토성의 엔셀라두스는
얼음층 아래 거대한 바다를 갖고 있었고,

얼어붙은 천체 아래 숨은 바다도
천문학자들의 관심 대상이었습니다.

천문학자들은 이 천체들을 가리지 않고 '행성'으로 불렀는데요.

바로 이 지점에서 논문의 저자들은 새로운 행성의 정의를 제안합니다.

이 그래프로 말이죠.

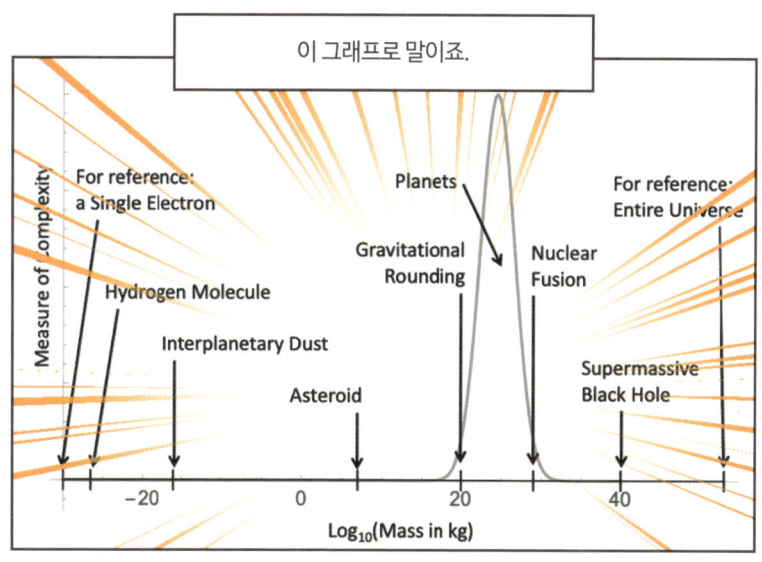

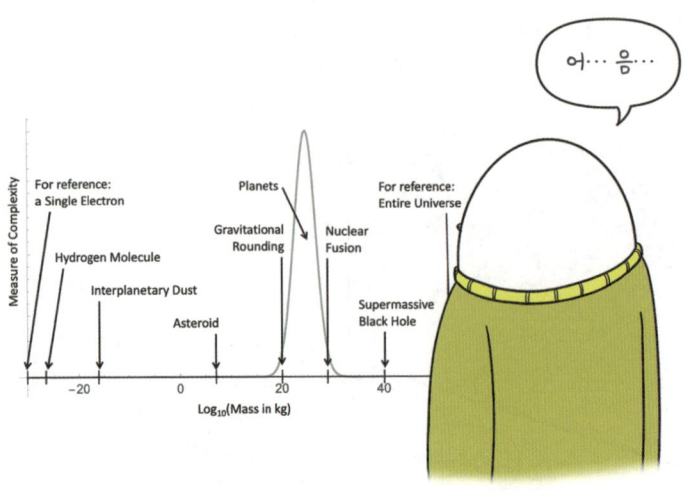

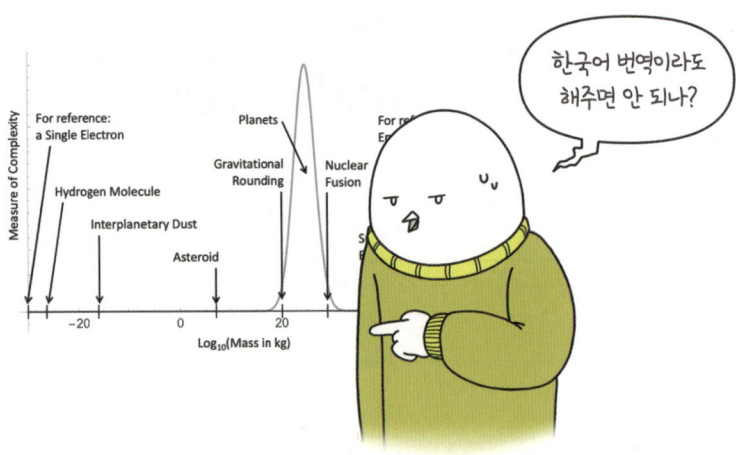

지금부터 설명드릴 겁니다.

좀 기다려봐요.

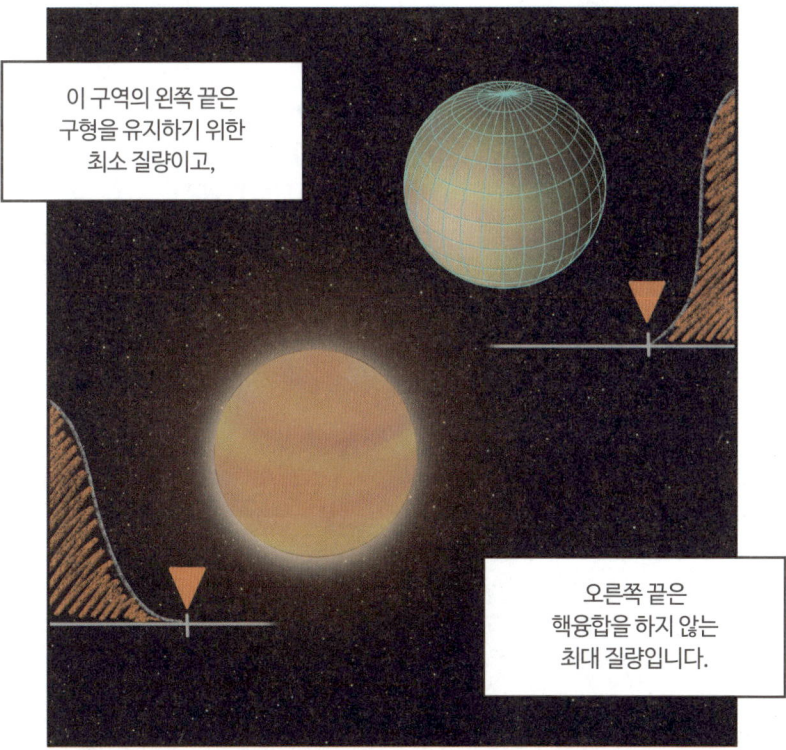

여전히 좀 어렵죠?

질량이 작은 천체를 하나 생각해봅시다.
너무 작아서 구형을 이룰 수 없는 천체로요.

이런 소행성 같은 거?

네, 바로 그런 거요.

이 천체의 고유한 특징에는
뭐가 있을까요?

음…

안에 든 광물들?

그럼 이번엔 질량이 큰 천체를 생각해봅시다.
너무 커서 핵융합이 일어나는 천체로요.

그런 건…

별 아닌가?

맞습니다.

그렇다면 별의 특징에는 어떤 게 있을까요?

핵융합… 내부 구조…
태양풍…

뭐 이런 거?

조금 더 커지면 주변에
대기를 잡아둘 수도 있습니다.

어쩌면 지구처럼
대기의 층이 생길 수도 있고,

구름이나 비 같은
기상 현상이 일어날지도 모릅니다.

경우에 따라서는
바다를 가질 수도 있겠네요.

이번 논문을 통해 행성의 정의가 바뀔 것인가와 별개로,
이런 제안은 충분히 가치 있는 도전이라고 생각합니다.

고대 그리스 아리스토텔레스의
우주관에서 시작해

과학자들은 관찰과 실험을 바탕으로
우주의 법칙과 원리를 탐구해왔습니다.

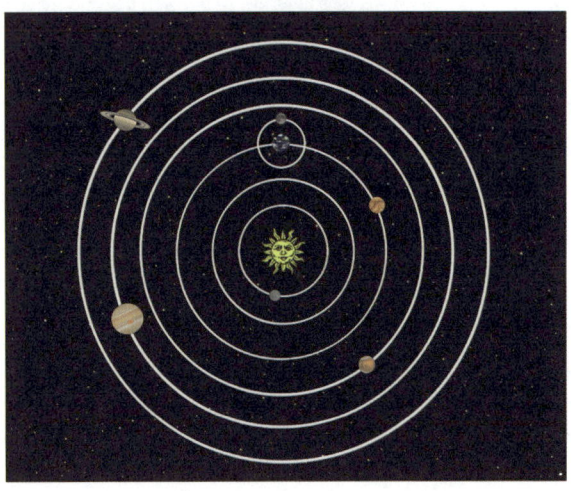

그 법칙과 원리는
또 다른 관찰과 실험으로 더 견고해지기도 하고

펜지어스와 윌슨의 빅뱅 증거 발견

보다 논리적인 법칙과 원리로
대체되기도 합니다.

코페르니쿠스 혁명

하지만 여러분, 조금 다른 시선에서 볼까요?

이 분, 앞에서 만난 적 있죠?

뉴호라이즌스호의 수석연구원 앨런 스턴입니다.

이 분은 갑자기 왜 나온 거죠?

그게 사실… 앨런 스턴이 이 논문의 제4 저자이기 때문입니다.

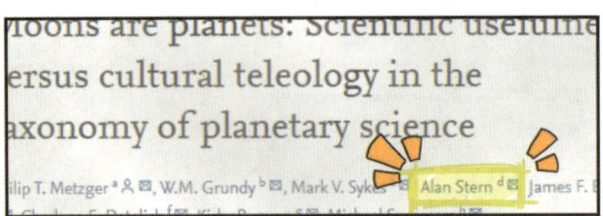

앨런 스턴은 명왕성 같은 소천체도 행성으로 불러야 한다고,
오랫동안 주장해온 과학자 중 한 명입니다.

사실 왜소행성보다 행성이라는 이름이
더 그럴 듯해 보이고 있어 보이는 건 사실이잖아요?

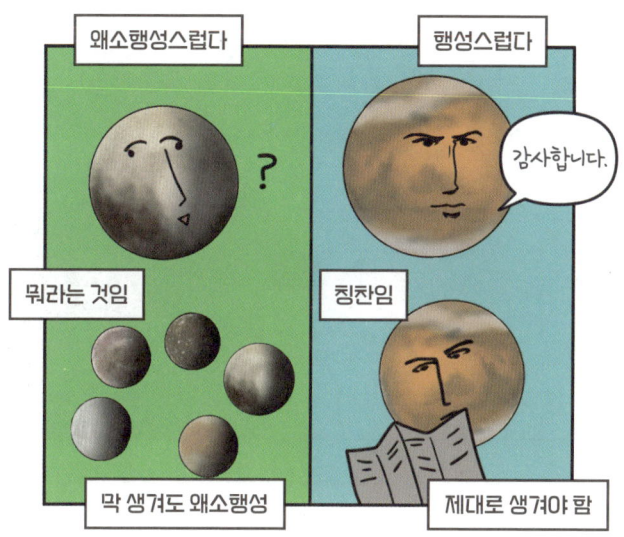

다시 말해 이 논문은 명왕성에 평생을 바친 과학자의
명왕성 행성 복귀 프로젝트로 해석될 수 있다는 뜻이죠.

그렇다고 해서 이 논문의 내용이
과학적 근거 없는 억지라는 건 아닙니다.

어느 정도의 사심이 담겨 있다고 할까요?

여러분이 보시기엔 어떤가요?
앨런이 주장하는 새로운 '행성'의 정의는 합리적인가요?

아니면 '행성 연구자'가 되고 싶은
명왕성 수호자의 억지인가요?

명왕성의 행성 자격 박탈, 그리고 뒷이야기 2

2006년 1월 발사된 명왕성 탐사선 뉴호라이즌스호는 발사 후 1년도 채 지나지 않아 국제천문연맹의 행성 분류 변경에 의해 '134340 pluto' 탐사선이 되었습니다. 태양계 변두리의 마지막 행성을 탐사하는 미션이 갑자기 왜소행성 탐사로 바뀌자 대중의 관심도 함께 식어갔습니다.

9년 후 성공적으로 잠에서 깨어난 뉴호라이즌스호는 최초로 고해상도의 명왕성 사진을 촬영했습니다. 이때 촬영된 명왕성 사진은 지금도 인터넷에서 명왕성을 검색하면 가장 먼저 나오고 있죠. 그리고 이 사진을 분석한 NASA에서 사진 오른쪽 아래 위치한 얼음 지대가 하트 모양을 닮았다고 언급하면서 전 세계적으로 다시 명왕성에 대한 관심이 급증했다고 합니다.

사실 58억 km나 떨어진 지구에서 명왕성이 행성인지 아닌지 영원히 다툰다 해도 명왕성에게 달라지는 건 없습니다. 이러나저러나 명왕성은 행성이 아닐 뿐, 여전히 태양계의 구성원이니까요.

10화

지구를 지키는 과학자들

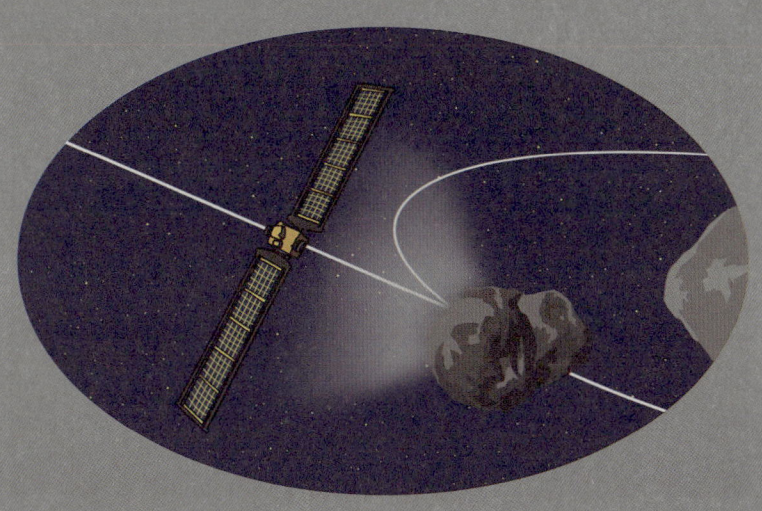

2023년 1월 9일, NASA의 과학위성 ERBS가 추락했습니다.

2.3톤이 넘는 이 대형 위성은 떨어지며 미처 다 불타지 못하고 지표면까지 그 잔해가 도달했는데요.

추락 경로에 우리나라도 포함됐지만, 다행히 아무 탈 없이 베링해에 떨어졌습니다.

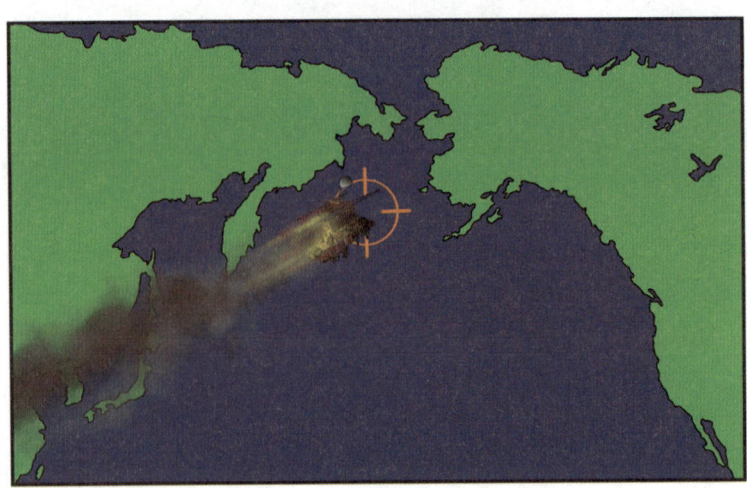

얼마 뒤인 2023년 1월 27일에는
소행성 2023BU가 지구 곁을 스쳐 지나갔죠.

2023BU의 최대 근접 거리는 3600km로, 달보다 지구에 100배 더 가깝고 정지위성보다는 10배나 더 가까운 거리였습니다.

중력 드리프트~

우주에서 찾아오는 위협은
생각보다 가까이 있습니다.

그럼 우리는 이런 우주쓰레기와
소행성의 위협에 어떻게 대비해야 할까요?

애초에 저런 걸
막을 수는 있고?!!

과연 인류는 우주적 재해로부터
스스로를 지킬 수 있을까요?

1994년 슈메이커-레비9 혜성이
목성에 충돌했습니다.

혜성의 충돌로 형성된 검붉은 흉터는
수개월간 지구에서도 관측되었습니다.

이후 과학자들은 소행성 충돌의 위험을 인지하고
지구에 충돌할 가능성이 있는 천체를 본격적으로
조사하기 시작했습니다.

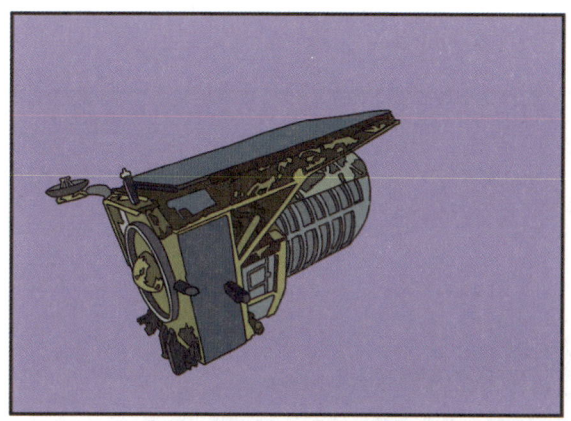

*WISE/NEOWISE 우주 망원경

물론 쉬운 일은 아니었습니다.
소행성은 작고 어두워서 찾아내기 힘들거든요.

실제로 지속적 조사에도 불구하고
예상치 못한 사고가 발생할 수 있습니다.

2013년 첼랴빈스키 충돌이
바로 그런 사건이었죠.

약 1000명의 부상자를 발생시킨 운석은
충돌 직전에서야 발견됐습니다.

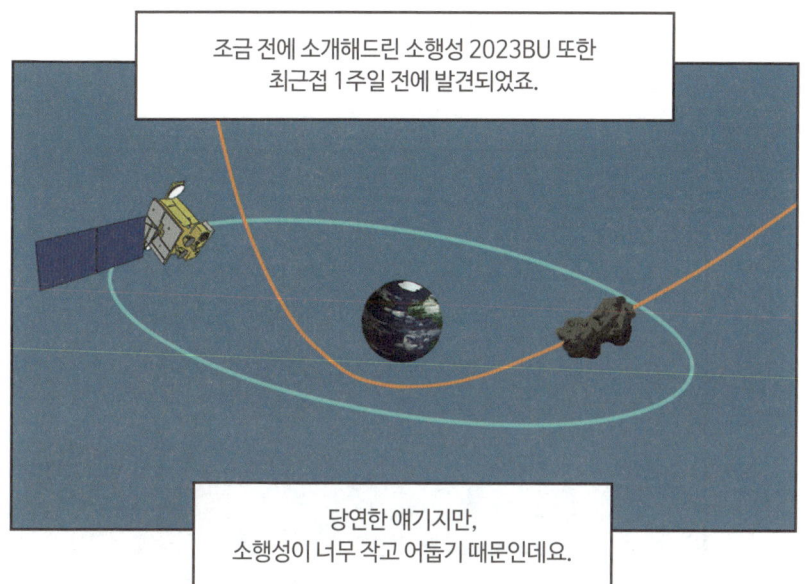

심지어 소행성이 태양과 같은 방향에 있으면
더더욱 발견하기 힘들어집니다.

낮에 보이는 반달이
밤보다 덜 밝은 느낌?

이런 이유로 오늘날의 천문학자들은
적외선 장비를 동원해 소행성의 미약한 열복사를 통해
어두운 소행성의 위치를 파악하기도 합니다.

WISE 망원경이 적외선 장비의 좋은 예시죠.

이런 어려운 조건 속에서도 천문학자들은
100만 개가 넘는 소행성과

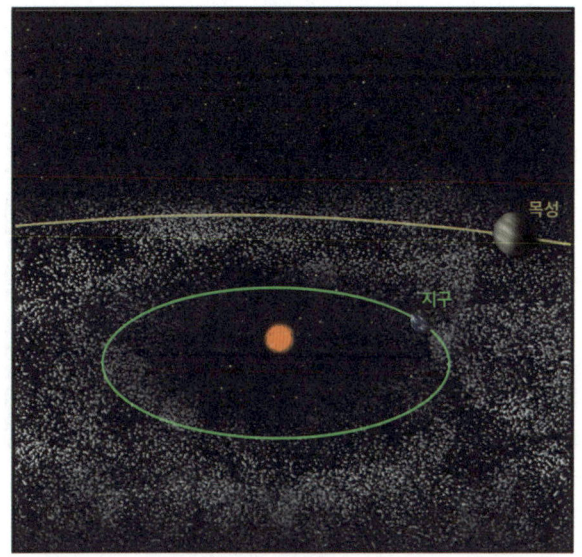

3천 개가 넘는 혜성 등

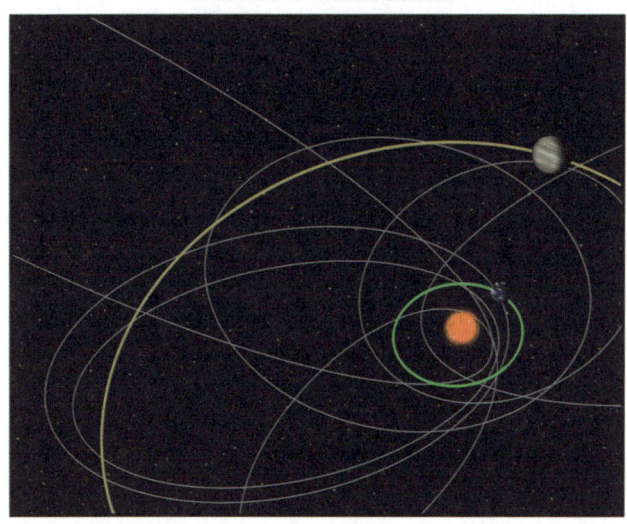

수많은 천체를 찾아내고 그 궤도를 기록했습니다.

그중에서도 특히 지구에 가까운 경우
근지구천체(Near Earth Object, NEO)라 부르고,

소행성의 경우 궤도에 따라
네 가지로 구분하지만…

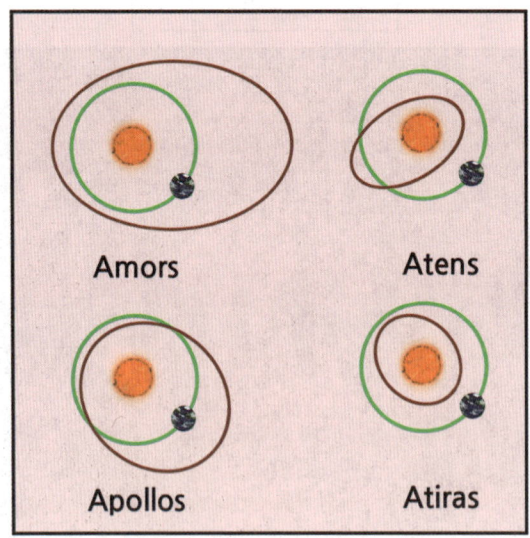

여기서는 중요하지 않으니 대충 보고 넘어갑시다.

또 이들 중에서 지구와 충돌할 가능성이 높거나
충돌 시 큰 피해가 예상되는 경우

잠재적 위험 물체(Potentially Hazardous Objects, PHO)로 부르며 특히 주의 깊게 살피는데

2022년 말까지 기록된 잠재적 위협
소행성(PHA)의 수는 2,300개가 넘습니다!

천문학자들은 충돌 가능성과 피해에 따라
분류한 등급 기준도 만들었습니다.

이 중 토리노 척도는 충돌 가능성과 충돌 피해에 따라
위험도 제로의 백색부터
충돌 확정의 적색까지 크게 5단계로,

그사이를 다시 0부터 10까지
총 11단계로 분류합니다.

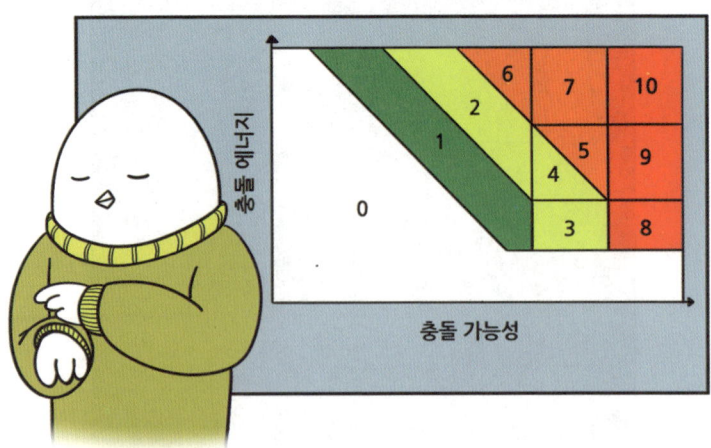

백악기 말에 새를 제외한 공룡을
모두 멸종시키고

멕시코 유카탄 반도에
지름 180km의 거대한 충돌구를 남긴 운석이

토리노 척도에서 충돌 확정 최고 등급인 10단계.

2004년 반짝 입소문을 탄
소행성 아포피스는 엠파이어 스테이트 빌딩 크기에
1200메가톤의 충격량으로 계산되어

토리노 척도의 위험 최고 등급인
4단계로 책정된 적이 있지만,

2029년에 충돌한다며
지구 멸망의 떡밥이 되기도 했죠.

아포피스는 2006년 1단계로,
현재는 0단계로 내려왔습니다.

오호~ 토리노력이
내려가는군요.

사실 대부분의 PHA들은 0단계로,
100년 내로 충돌할 가능성이 제로입니다.

오직 17개 정도만이
100년 내로 충돌할 '수'도 있다고 하네요.

잠깐 100년?
그럼 그다음은 몰라?

네, 토리노 척도는 100년 이내의
충돌 및 피해만 고려한 등급이거든요.

그래도 100년이면
적어도 우리는 안심할 수 있겠죠?

이런 물체들은 굳이 먼 곳이 아닌
지구 주위에서도 찾을 수 있습니다.

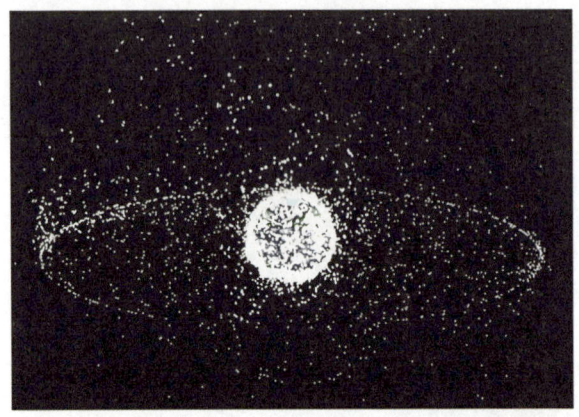

오늘날 현역 위성 7,700여 기를 포함해 어림잡아도
수억 개의 인공물이 지구 주위를 도는데요.

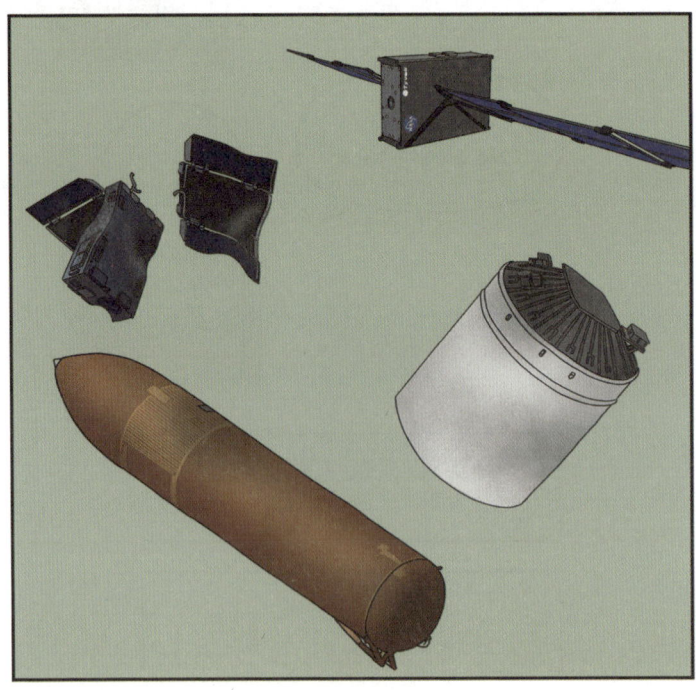

북아메리카항공우주방위군(NORAD)으로
대표되는 인공위성 카탈로그에서는
10cm보다 큰 모든 물체를 추적하고

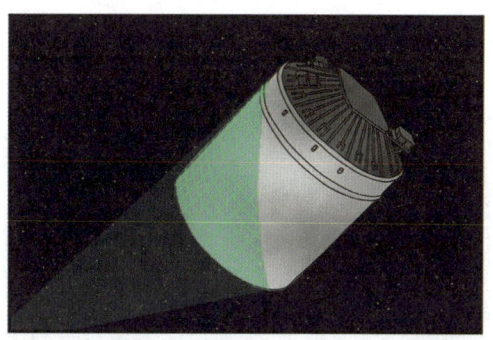

각각의 궤도를 기록하며

전 세계의 위성들은 이 데이터를 바탕으로
위성의 회피기동을 수행합니다.

그럼 다음 단계를 고민할 때입니다.

열심히 발견하고 추적한다 한들 실제로
충돌하는 소행성을 막아낼 수 있을까요?

사실 소행성 충돌을 막는다고 하면
영화 〈아마겟돈〉이나 〈딥 임팩트〉처럼
소행성을 폭파시키는 모습을 떠올리곤 합니다.

사실 이 방식은 비효율적이고,
잔해의 낙하 문제도 갖고 있어서
이상적인 해결책은 아닙니다.

가장 좋은 방법은
소행성의 궤도를 바꾸는 것이죠.

과, 관성 드리프트!
(아님)

DART (Double Asteroid Redirection Test) 미션이
바로 이 방식을 실행에 옮긴 좋은 사례인데요.

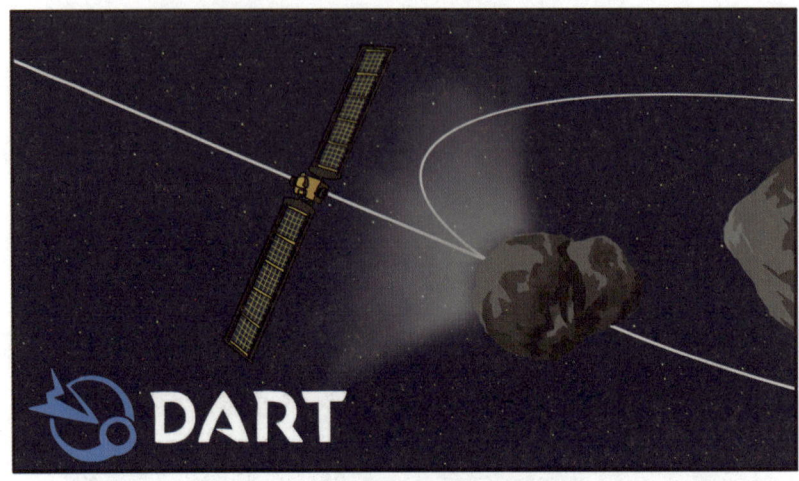

DART 미션은 두 소행성 중
하나에 충돌해 이들의 궤도를 변경하는 실험이었습니다.

목표가 된 소행성은
디디모스와 그 주위를 도는 디모르포스.

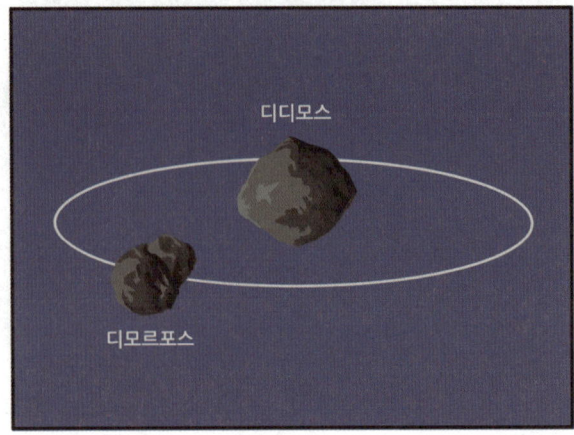

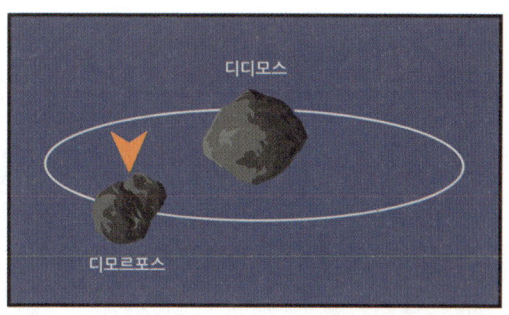

그렇게 2022년 9월 27일 600kg의 임팩터가 디모르포스에 충돌했습니다.

DART 임팩터의 충돌 장면은
천문학자들의 망원경에 포착되었으며

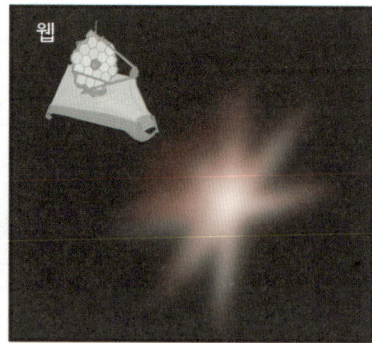

이어진 후속 관측을 통해
유의미한 궤도 변화를 확인했습니다.

에…

고작 저만큼
움직였다고?

뭐, 실전이 아닌 테스트니까요.

이런 기술이 점차 발전하면
진짜 지구로 향하는 소행성의 궤도를 바꾸고,
인류가 스스로를 우주적 위험으로부터
보호할 수 있는 능력을 갖추게 될 것입니다.

말 그대로 지구를 지키는
과학자들인 것이죠.

전부 같은 돌은 아니라고요

우주에는 항성과 항성 외에도 행성이 되기에는 너무 작은 암석들이 떠다니고 있습니다. 우리는 이들을 소행성(asteroid)이라 부르죠. 소행성은 베스타처럼 지름이 수백km 크기인 것도 있고, 첼랴빈스크에 충돌하기 직전까지 눈치채지 못할 만큼 작은 크기까지 다양합니다. 이보다 작은 암석의 경우는 유성체(meteoroid)라 부르는데요, 유성체는 소행성보다 훨씬 작으며 대부분 혜성이나 소행성의 파편입니다. 유성체가 지구의 대기와 마찰해 밝게 불타는 현상을 유성 또는 별똥별이라고 부릅니다. 많은 유성체가 지표면에 도달하기 전에 불타 사라지지만, 크기가 충분히 크면 지표면까지 닿을 수 있고, 이를 운석(meteorite)이라 부릅니다. 우리가 과학관이나 박물관에서 만나볼 수 있는 운석은 한때 소행성이자 유성체이자 별똥별이었고, 이제는 운석으로 불리는 것이죠.

11화

제임스 웹이 바라본 어린 우주

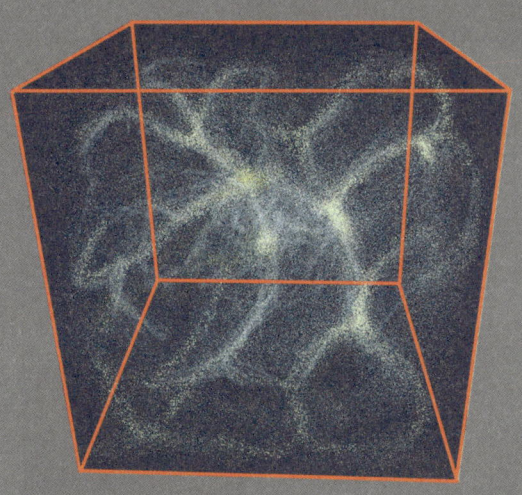

2023년 2월, 꽤 시끌시끌했던 천문학 이슈가 있었는데요. 바로

입니다.

이는 웹의 놀라운 성능으로
관측한 초기 우주 은하의 사진 때문이었습니다.

웹이 본 초기 우주가 어땠길래 빅뱅 이론이
틀렸다는 말까지 나오는 것일까요?

이 이야기를 하기 위해서는
두 가지 배경지식이 필요한데요.

첫째는 우리가
과거를 본다는 것이고,

둘째는 우주가
팽창한다는 것입니다.

첫째로 '과거를 본다'는 점은
체감하긴 힘들지만 이해할 순 있습니다.

완벽히 이해했어!
(이해 못 했음)

물체를 보려면
빛이 물체에서 우리 눈까지 와야 하는데

빛은 일정한 속도가 있기 때문에
물체에서 눈까지 오는 데 시간이 걸리는 것이죠.

물론 빛의 속도가 너무 빠르기 때문에
일상적인 경우 이 시간은 거의 0입니다.

사실상 '동시'라고 봐야죠.

하지만 그 스케일을
조금 키우면 체감이 될 겁니다.

천문학적으로요.

태양의 빛이 우리 눈에 닿기까지
약 8분의 시간이 걸립니다.

우리가 보는 태양은
8분 전의 태양입니다.

ⓒESA/NASA Hubble

가장 가까운 별 프록시마 센터우리는
4년 반 전의 별이고

아름다운 M42 오리온성운은
1,350년 전의 성운입니다.

ⓒESA/NASA Hubble

그럼 이제 두 번째
'우주가 팽창한다'로 넘어가죠.

망원경의 이름으로 더 유명한
에드윈 허블은 우주 전역 46개 은하에서
적색 이동을 발견했습니다.

광원이 이동할 때 빛의 파장도 이동합니다.
적색 이동은 멀어질 때 일어나죠.

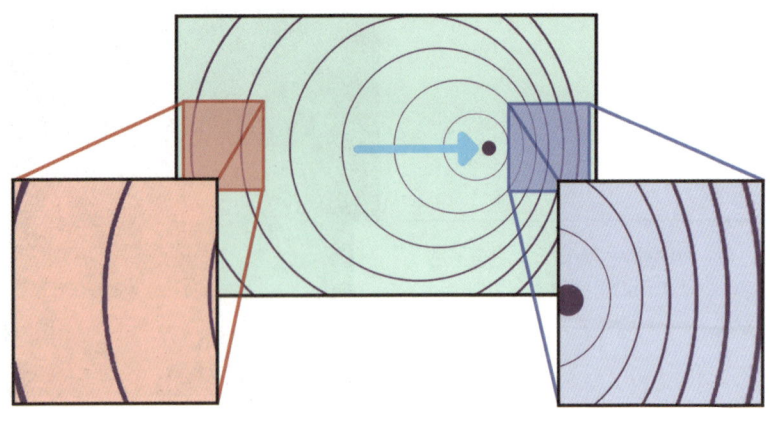

그러니 은하들이 적색 이동을 본다는 것은
은하들이 멀어진다는 뜻이었죠.

허블은 여기서 규칙성을 찾아냈는데요.
멀리 있는 은하가 더 큰 적색 이동을 보였습니다.

멀리 있는 은하일수록 더 빨리 멀어지고 있다는 뜻이죠.
다시 말해 우주가 팽창한다는 의미입니다.

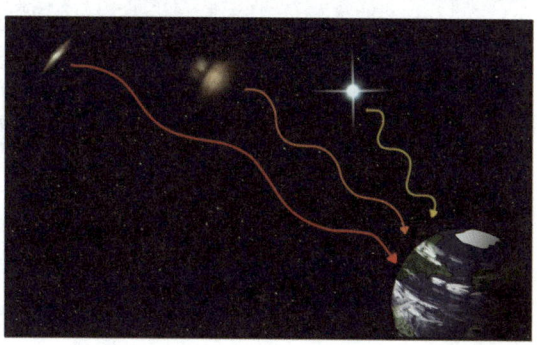

이때 너무 멀리 떨어진 천체라
극단적인 적색 이동이 일어나면
그 빛은 붉은빛을 넘어 적외선으로 이동합니다.

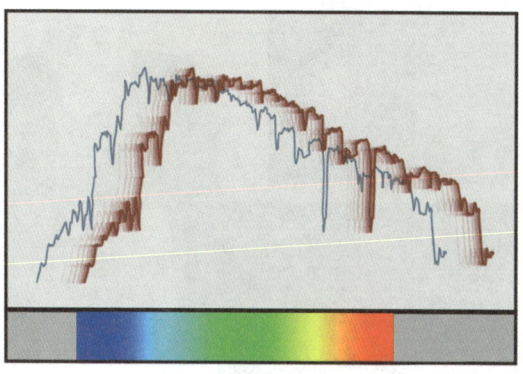

그런데 마침 제임스 웹이 적외선 망원경이죠.

이것이 웹이 오래된 은하를 보는 원리이자
초기 우주를 볼 수 있는 이유입니다.

이 때문에 우주론 분야에서 웹에게 거는 기대가 상당했지요.

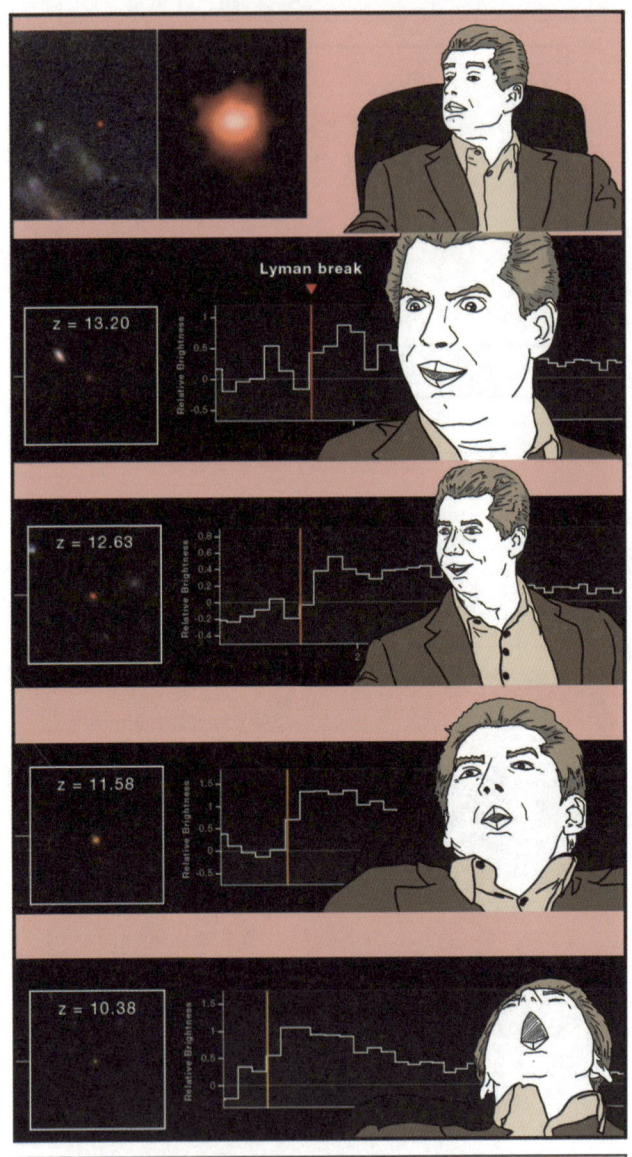

분명 이건 놀라운 발견이었습니다.
하지만 동시에 혼란스러운 발견이기도 했죠.

이유는 간단합니다.
그 은하들이 너무 밝았어요.

현대 우주론에 따르면 초기 우주에는
그렇게 밝고 무거운 은하가 있을 수 없습니다.

마치 공룡 시대 지층에서 토끼 화석이 발견된 꼴이었죠.

누추한 곳에 어렵게 모신 귀한 분,
경희대학교의 전명원 교수님입니다.

교수님은 이번 발견에 대해
어떻게 생각하고 계실까요?

마법의 소라 교수님,

제임스 웹의 관측이
빅뱅 이론을
무너뜨릴까요?

안.돼.

좋아요. 현대 우주론의 한 축인 시뮬레이션부터 시작합시다.

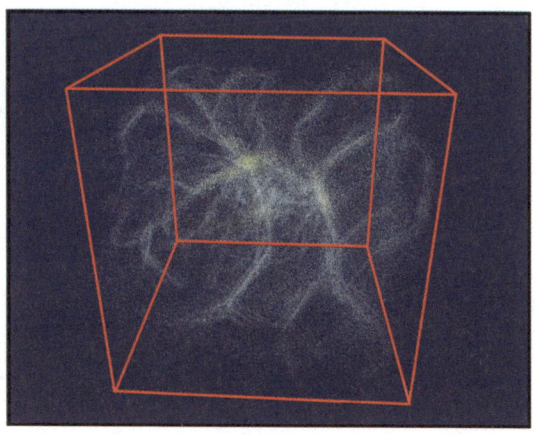

현대 물리학을 바탕으로 한 우주론 시뮬레이션은
오늘날의 우주론 연구에 큰 도움을 줍니다.

현재의 우주를 바탕으로
과거에 일어난 일을 추측하거나

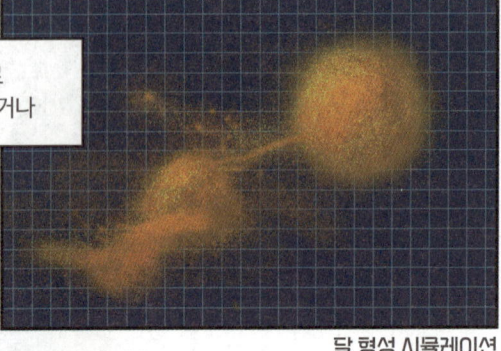

달 형성 시뮬레이션

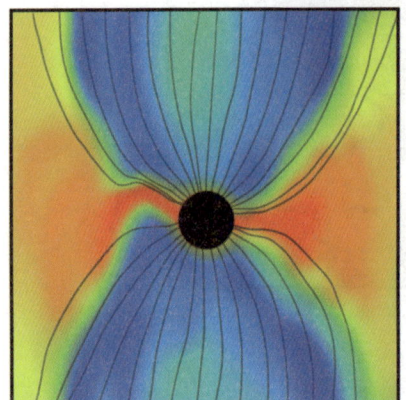

블랙홀 주위 자기장 시뮬레이션

지금까지 알 수 없던
우주의 구조와 진화를 예측하고

물리법칙을 바탕으로
관측 가능한 정보 그 너머를
알아내게 해줍니다.

행성의 고리 형성 시뮬레이션

이렇게 다재다능한 시뮬레이션이지만,
이런 모델에는 근본적인 단점이 존재합니다.

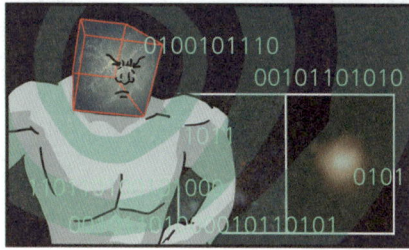

바로 시뮬레이션의 전제가 되어야 할
초기 조건이 틀렸다면 결과도 신뢰할 수 없다는 것이죠.

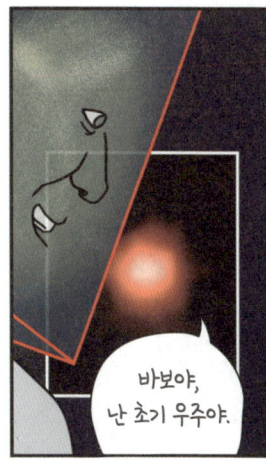

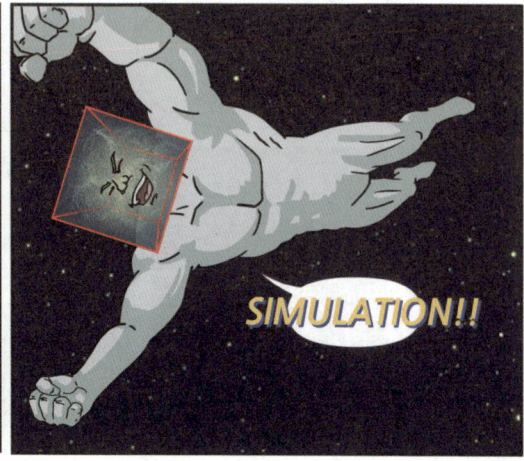

예를 들어, 같은 밝기의 은하라고 해도 구성하는 별들에 따라 무게가 바뀔 수 있습니다.

저런 일당백의 크고 밝은 별이 많을 수 있으니까요.

초기 우주에 이런 별이 많았다면 제임스 웹이 발견한 은하들도 사실은 우리 예상보다 가벼운 은하일지도 모릅니다.

밝기만 하고 질량은 작은 꼬맹이!

초기 우주라 가능한 거였잖아.

크으윽!

그러니 우리가 고쳐야 할 것은
과거 우주에 적용하는 모델이지,
빅뱅 우주론 그 자체가 아니라는 겁니다.

빈대 잡자고
초가삼간을 태우기에는
아직 시기상조라고나 할까요?

그러니 빅뱅 이론에서 출발한
현재의 급팽창 우주론은 아직 건재합니다.

그럼에도 불구하고 몇 언론에서는 정확한 서술 없이 '빅뱅 이론이 흔들린다'는 식의 기사들을 쓰곤 했는데요.

과학적인 내용이면서 조사도 안 하고 자극적으로…

물론 대중에게 천문학 이슈를 전달하기 위해
어느 정도 조미료는 칠 수 있겠지만

중요한 내용은 생략하고 자극적인 내용만 강조하는 모습은
눈살이 찌푸려지게 만들죠.

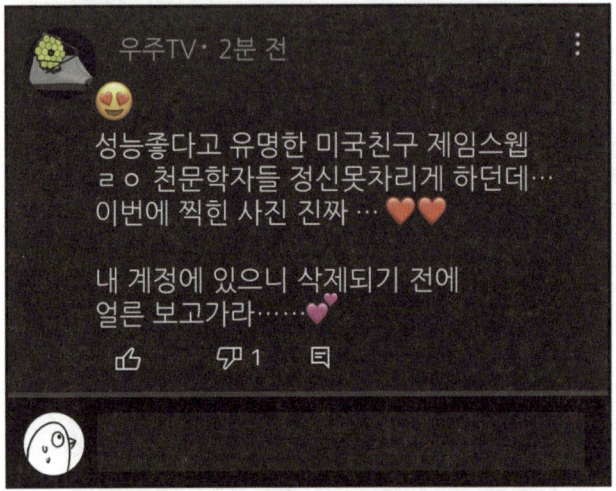

게다가 이런 가짜 정보가 담긴 기사는
유사과학이나 창조과학 단체가
옳다구나 하고 낚아채기도 좋지요.

> 다행인 점이라면
> 양질의 과학 커뮤니케이터들의 활약으로
> 정확한 과학 이슈가 점점 빨리 전달되고 있습니다.

> 헛소리가 나오는 걸 보니
> 이쯤 하는 게 좋겠네요.

> 이번 특집을 도와주신
> 전명원 교수님께 감사드리며,
> 여기서 마무리하겠습니다.

제임스 웹과 현대 우주론

'세페이드 변광성'은 우주론에서 매우 중요한 천체입니다. 세페이드 변광성은 밝기가 밝을수록 변광 주기가 길어지는 특성이 있는데 이를 '리비트 법칙'이라 부릅니다. 에드윈 허블은 이 법칙을 이용해 여러 외부 천체의 거리를 계산하고 마젤란 성운이 우리 은하 바깥의 천체라는 사실을 알아냈지요. 세페이드 변광성은 오늘날까지도 우주에서 거리를 재는 데 중요한 천체로 사용됩니다.

허블 망원경도 다양한 은하에서 세페이드 변광성을 관측한 적이 있는데요. 최근에는 제임스 웹이 허블이 봤던 은하들을 다시 한 번 관측했습니다. 그 결과 제임스 웹은 측정값의 노이즈를 '극적으로' 줄이는 데 성공했습니다. 이를 통해 천문학자들은 기존 세페이드 측광법의 정확도를 검증할 수 있었죠. 앞으로 웹이 가져올 우주론의 변화가 정말 기대됩니다. 현대 우주론은 더 탄탄해질까요? 아니면 새롭게 변화할까요?

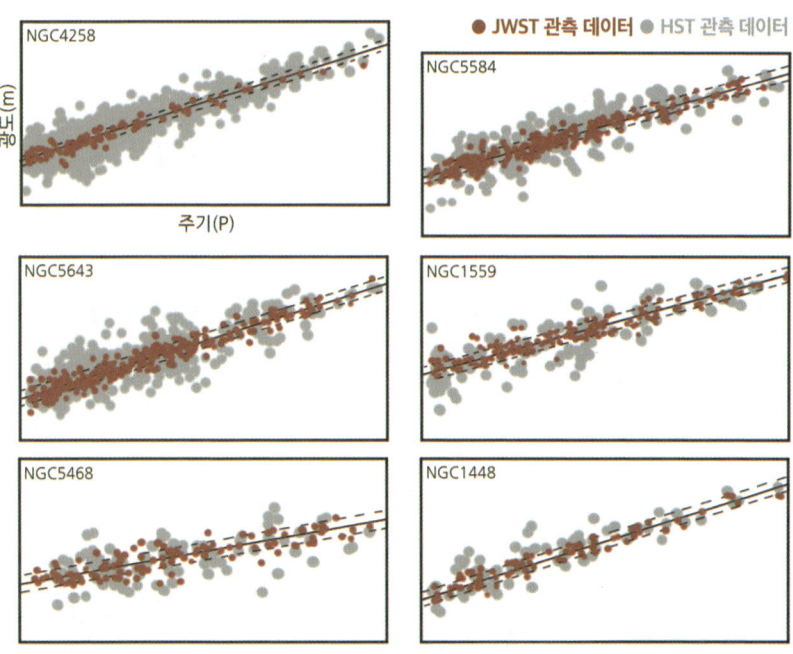

세페이드 변광성의 주기-광도 그래프

12화

언제쯤 화성에서 살 수 있을까?

2023년 4월 20일,
기록적인 발사체가 우주로 향했습니다.
바로 스페이스X의 스타쉽이었는데요.

스타쉽의 발사가 성공하면 인류 역사상 가장 강력했던
새턴5를 훨씬 뛰어넘는 수준의

괴물 발사체가 될 예정이었습니다.
(저궤도 기준 100톤의 페이로드)

뭐, 발사가 성공했다면 말이죠.

이처럼 연이은 실패에도
스페이스X가 스타쉽에 집착하는 이유에는

'화성 이주'라는 목적이 포함되어 있습니다.

… 앞의 정보는 웹 연재 기준이었고, 2024년 기준으로 핫스테이징*에서 재돌입, 연착륙까지 성공했습니다.

머스크, 그는 신인가!?

화성 갈꼬니까~

* 2단 스타쉽이 1단 슈퍼 헤비 부스터에 부착되어 있는 상황에서 엔진을 점화하는 방식.

이쯤 되면 궁금해집니다.
왜 화성일까요?

지구와 비슷한 행성이라면 금성도 있고,
가까운 천체라면 달도 있는데…

사실 금성의 표면은
고온 고압의 불지옥이고,

베네라 4호. 금성의 고온 고압을 못 견디고 폭발.

달은 아르테미스 프로그램으로
이미 탐사 계획이 세워져 있죠.

그에 비해 화성은
지구와 닮은 점이 꽤 많습니다.

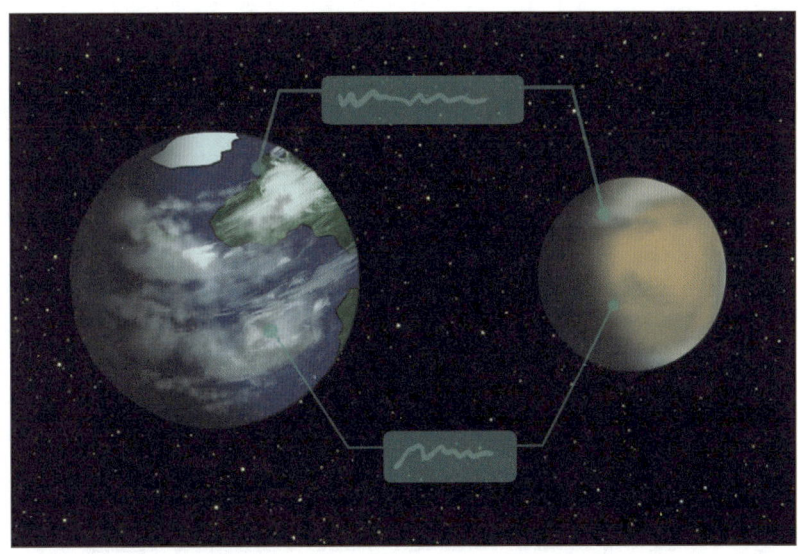

자전 주기도 24시간 37분으로 지구와 비슷하고,

과거에 물이 흘렀던 흔적도 여럿 존재하죠.

생전 고인의 물이 풍부했던 상상도를 보시겠습니다.

하지만 이것도 '비교적' 비슷하다 수준이지,
화성은 지구와 전혀 다른 환경입니다.

태양과의 거리가 멀어
지구보다 60% 정도 어둡고

표면 중력도
지구의 약 38%에 불과합니다.

대기는 이산화탄소가 대부분이라 산소는 없는 수준이고요.

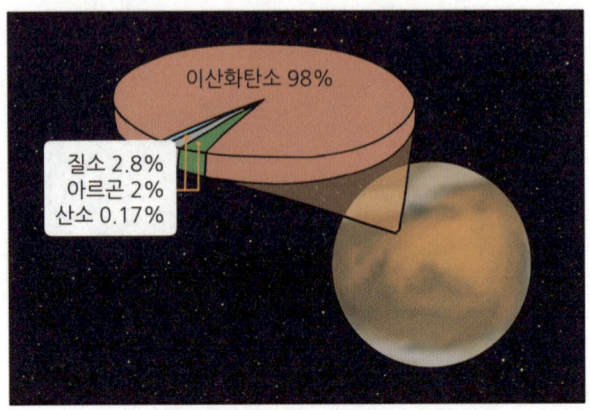

태양풍으로부터 지켜줄 자기장도 없습니다.

이런 환경에서 살아가려면 가장 먼저 안정적인 주거 환경이 필요해 보이네요.

이불 밖은 위험해…

화성의 첫 건축은 지구에서 만든 부품을 조립하는 형태가 될 가능성이 높습니다.

시간이 지나면 화성의 흙과 돌로 콘크리트를 만들 수 있겠지만, 아직은 먼 이야기고…

당장은 이 정도가 최선일 겁니다.

실제로 NASA를 비롯한 다양한 연구실에서
다른 행성의 토양을 활용한 건설 재료 연구가 활발합니다.

인류가 본격적으로 화성 이주를 시작할 때는
화성의 흙으로 빚은 건물에서 살 수도 있겠네요.

한양대학교에서 연구한
월면토 콘크리트 차량

이걸로 거주 문제는 어느 정도 해결이 된 것 같은데,
아직 물과 식량, 산소가 남아 있습니다.

물부터 해결해봅시다.
다행히 물은 화성에서 찾을 수 있습니다.

화성의 두 극 근처에는 육안으로도 보이는 만년설이,

지각에는 얼음 형태의 물이
꽤 많이 분포해 있습니다.

사진은 마스 오디세이의
분광계 데이터인데,

최대 18%의 표면 얼음을
확인했답니다.

다음은 산소입니다.

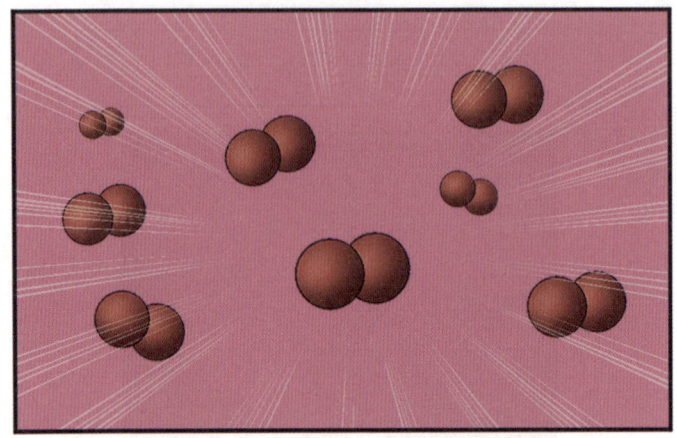

화성의 붉은 토양에는 녹슨 철이 풍부하지만, 여기서 산소를 분리하는 것은 쉽지 않습니다.

지금으로써는 지구에서 가져오는 것이 산소를 얻는 유일한 방법이겠네요.

도서산간 지역에는 추가 배송비 붙어요.

이번에는 식량입니다.

영화 〈마션〉에서는 화성의 흙으로
감자를 길러 먹는 모습을 보여주었으나

화성 감자가 맛있단다?

화성에서의 농사는 생각보다 어렵습니다.
화성의 토양에는 독성이 있고,
식물의 성장을 도울 질소도 없거든요.

그러니 화성에서 키운 감자는 아마 인간이 먹기에는
안전하지 않을 확률이 높습니다.

우와앙~

그거 먹는 거 아닌데?

엣…!?

하지만 방법은 있습니다.

독성을 제거하고 질소를 첨가해
농사를 짓기 좋은 흙으로 바꿀 수 있습니다.

근데.. 너무
귀찮긴 하네요.

좀 더 편한 방법은 수경 재배입니다.
이렇게 하면 식량 문제도 해결이네요.

아직도 해결할 문제가 많이 남았습니다.

먼저 에너지!

화성에서는 어떤 방법으로 에너지를 얻어야 할까요?

석탄과 석유는 당연히 없고

대기가 없어 바람도 안 불고

식어버린 맨틀로는 지열 발전도 가망이 없죠.

가능한 방법으로 우선
태양광 패널과 방사능 붕괴가 있습니다.

태양광 패널은 패스파인더 시절부터
사용한 국밥 같은 방식이고,

방사능동위원소 열 발전도 의외로
보이저 시절부터 사용했습니다.

뭐, 이런 문제를
모두 해결했다고 가정하고…

이제 다음 단계로 나아가봅시다.

인간에게 가혹한 붉은 행성을
주거 가능한 푸른 행성으로 만드는 겁니다.

'테라포밍'이죠.

희박한 대기를
두껍게 채우고

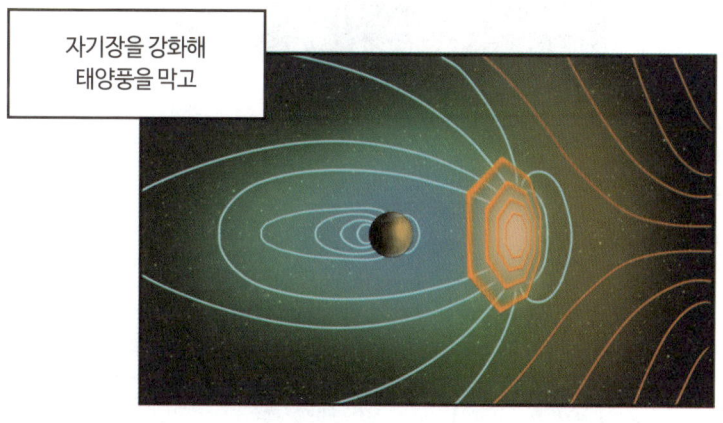

자기장을 강화해
태양풍을 막고

녹지와 바다를 만드는 겁니다.

화성과 지구를 구별하기 힘들 정도로
비슷한 환경으로 개조하는 거죠.

물론 테라포밍은 아직 먼 영역입니다.
당장 논의되는 방법만 해도…

태양광 레이저로 표면을 녹여
산소와 이산화탄소를 얻는다든가

이것이 콜로니 레이저!

프레온 가스를 대량 살포해
온실효과를 유도한다든가…

라는… 내용의…
SF… 추천 좀…

네, 인류에게 테라포밍은
아직 공상에 가까운 내용입니다.

테라포밍은 분명 정신 나간 생각처럼 보이지만,
세상을 바꾼 건 이런 정신 나간 생각들이었습니다.

달에 사람을 보낸 것도

블랙홀의 그림자를 본 것도

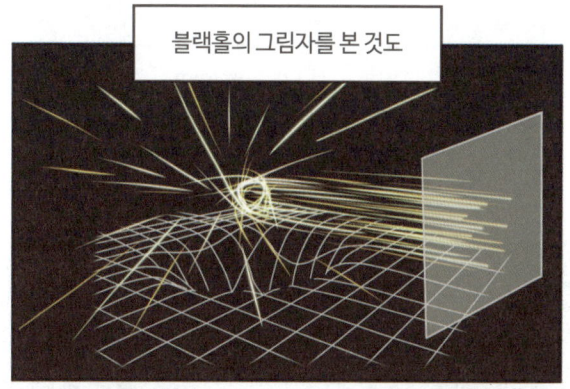

우주선으로 소행성을 움직인 것도요.

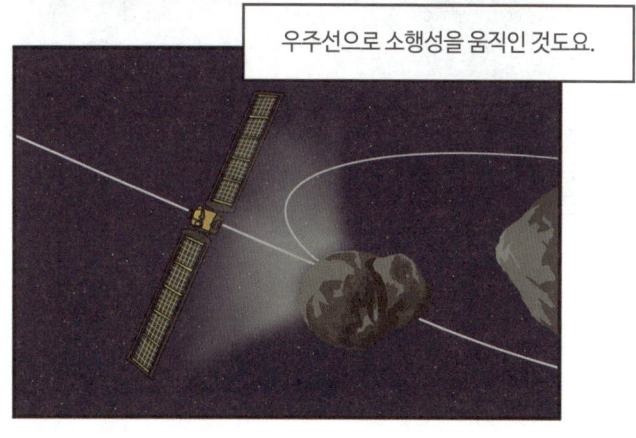

어쩌면 화성을 바꾸는 건
여러분의 아이디어일 수도 있습니다.

적응력과 생존력이 좋은
이끼류나 바퀴벌레를
화성에 먼저 보내면?

그런 정신 나간 아이디어로
붉은 행성을 푸르게 바꾸는 도전은
분명 설레는 일이겠죠.

이, 이게…
와따시?

과연 인류는 지구 바깥에
두 번째 지구를 만들 수 있을까요?

붉은 행성의 색다른 하늘

지구의 하늘은 푸른색입니다. 일몰과 일출 시간에는 붉은색으로 변하죠. 이는 대기 중 공기 입자에 의한 레일리 산란(Rayleigh scattering) 때문인데요. 레일리 산란은 푸른빛에서 가장 많이 일어납니다. 그 때문에 일몰 시간에는 푸른빛이 산란하고 남은 붉은빛 석양을 볼 수 있는 것입니다.

하지만 화성에서는 지구와 반대로 붉은 하늘과 푸른 석양을 볼 수 있습니다. 이는 화성의 대기에서 일어나는 산란이 지구와 다르기 때문에 발생하는 현상인데요. 화성에는 대기가 희박해 공기 분자에 의한 레일리 산란보다 먼지 입자에 의한 미(Mie) 산란이 더 많이 일어납니다. 미 산란은 빛의 파장과 입자의 크기가 비슷할 때 일어나는, 다시 말해 레일리 산란보다 큰 입자에 의해 발생하는 현상입니다. 화성에서의 미 산란은 붉은빛에서 가장 잘 일어나죠. 이 때문에 지구와는 반대로 일몰 시간에 붉은빛이 산란하고 남은 푸른빛 석양을 볼 수 있습니다.

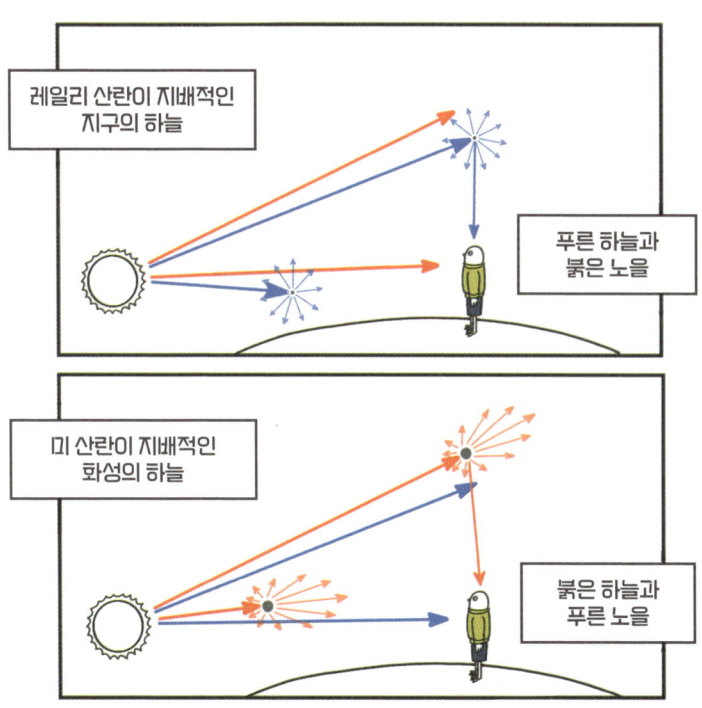

13화

골디락스 존은 외계 생명의 꿈을 꾸는가

지구 밖 세계에는 어떤 생물이 살고 있을까?

외계에 생물이 살고 있다면 그들은 어떤 모습일 것이며
또 무엇으로 만들어졌을까?

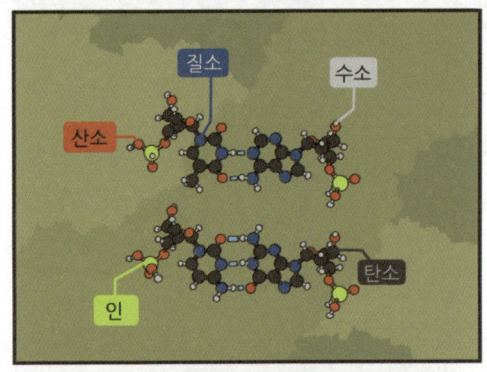

다른 별들 주위를 돌고 있을
수많은 외계 행성에도 생명이 살고 있을까?
- 칼 세이건, 《코스모스》 중에서

약 45억 년 전 지구가 처음 형성되었고,
당시 지구는 지금과 사뭇 다른 행성이었습니다.

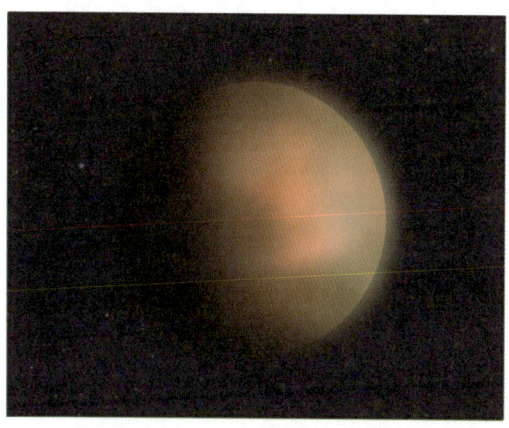

활발한 화산 활동으로 인해
대기에는 온실가스가 풍부했고

바다에는 유기분자들과 철, 황 등이
녹아 있었으리라 추측되지요.

생명이라 할 수 있을 첫 형태는
아마 약 41억 년 전 즈음에 처음 등장했을 겁니다.

이 초기 원핵생물들은 후기 대충돌과
몇 차례의 빙하기를 겪고도 살아남았고

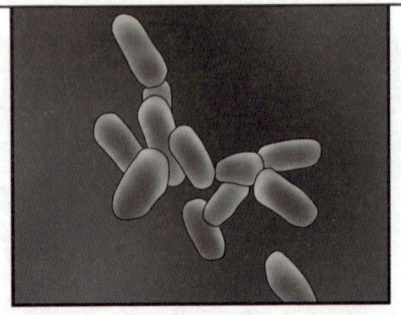

LHB(41~38억 년 전)

퐁골라 빙하기(29억 년 전)

약 32억 년 전 처음 등장한 남세균이 광합성을 시작해
약 24억 년 전부터 본격적으로
지구 대기에 산소를 공급하기 시작합니다.

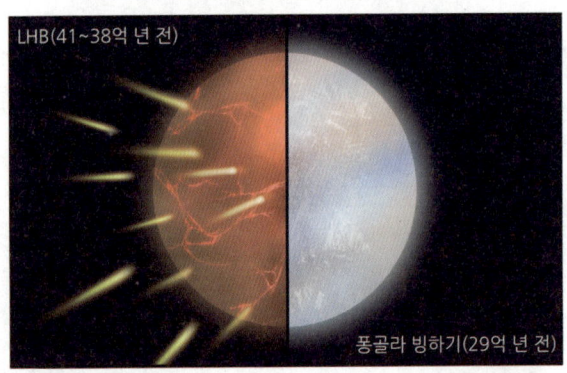

약 20억 년 전에는 유성생식을 하는 개체가 등장했고

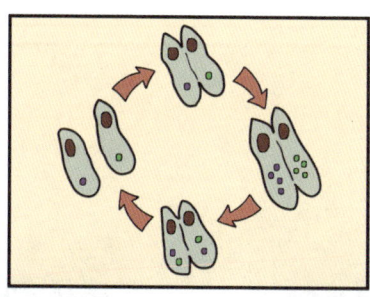

약 15억 년 전에는 다세포 생물이 등장했습니다만,

스펀지는 최초의 다세포 생물 중 하나로 추정됨.

크기도 작고 다양성도 적었기 때문에 일부에서는
이 시기를 '지루한 10억 년'이라 부릅니다.

그러다 약 5억 7천만 년 전 아발론 폭발* 이후,
에디아카라 동물군**이 전 지구적으로 번성했고

*에디아카라기에 있었던 급격한 진화적 다양화 사건
**에디아카라기에 번성했던 독특한 형태의 동물군

얼마 지나지 않아 캄브리아기 대폭발이 있은 후에야
우리에게 익숙한 형태의 생명이 등장하기 시작합니다.

최초의 생명이 등장한 지 35억 년이 지난 후의 일입니다.

캄브리아기 대폭발 이후 생명은
저마다의 방식으로 진화를 거듭했고

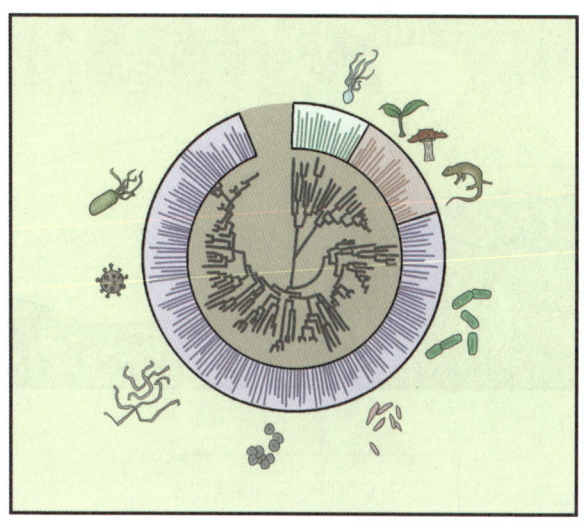

일부는 언제부터인지 인지 능력을 갖추기 시작했으며,
몇몇은 그 인지 능력이 특히 발달하기도 했습니다.

그중 하나가 영장목 사람속의 호모 사피엔스입니다.

원초의 생명에서 진화한 이들은 특출한 호기심으로
스스로의 존재에 대해 탐구하기 시작했습니다.

그리고 이런 질문에 도달했죠.

'이 광활한 우주에 우리밖에 없는가?'

그렇게 인류는 지구 밖 생명을 찾아 나서기 시작했습니다.

그러기 위해서는 지구의 생명이 어떻게 태어났는지 알아내는 것이 우선이었죠.

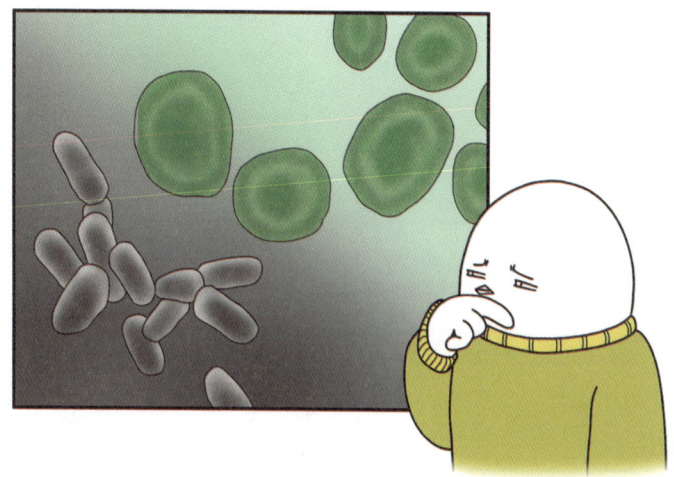

최초의 생명이 탄생한 원시지구로 돌아가보죠.
그 시작은 물과 유기 분자가 섞인 수프였습니다.

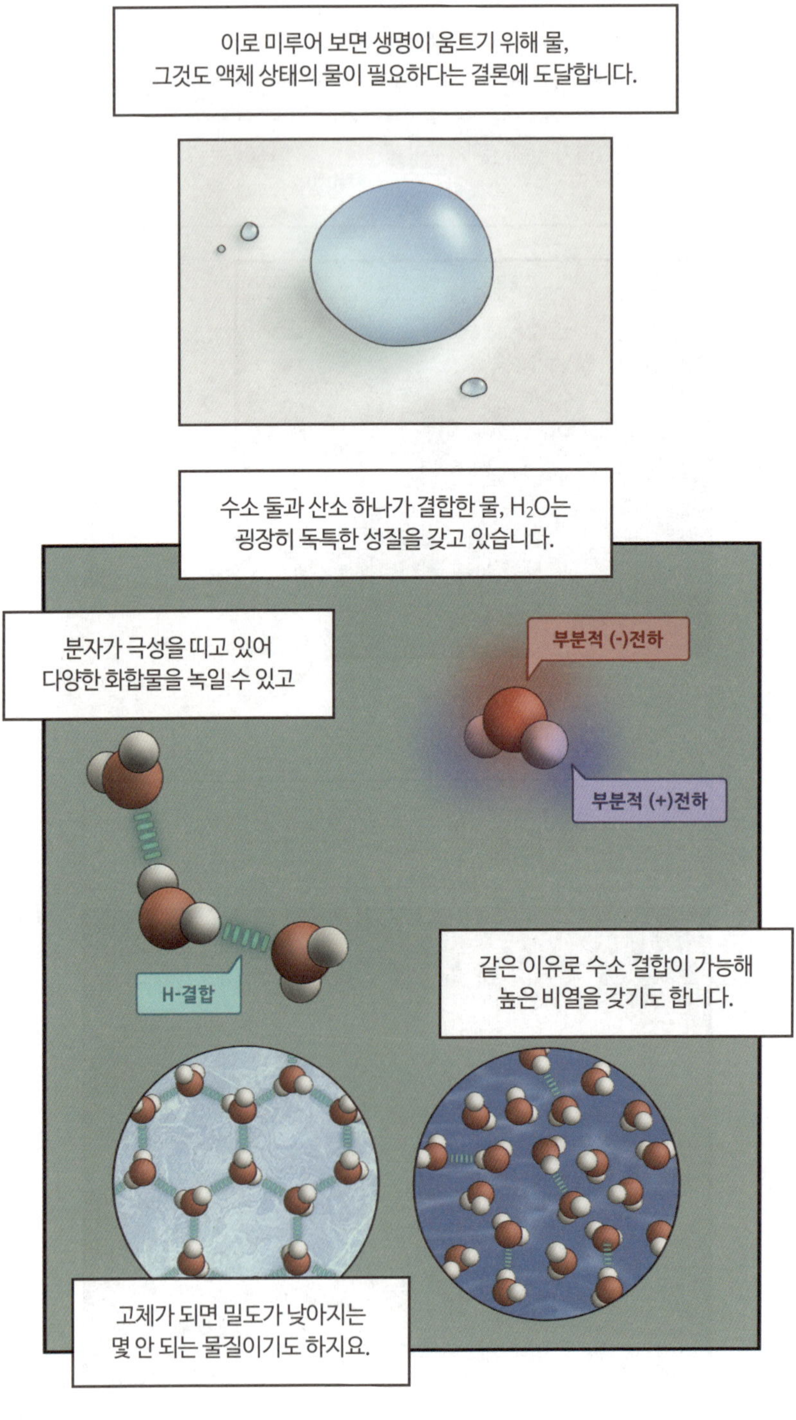

이로 미루어 보면 생명이 움트기 위해 물, 그것도 액체 상태의 물이 필요하다는 결론에 도달합니다.

수소 둘과 산소 하나가 결합한 물, H_2O는 굉장히 독특한 성질을 갖고 있습니다.

분자가 극성을 띠고 있어 다양한 화합물을 녹일 수 있고

부분적 (-)전하

부분적 (+)전하

H-결합

같은 이유로 수소 결합이 가능해 높은 비열을 갖기도 합니다.

고체가 되면 밀도가 낮아지는 몇 안 되는 물질이기도 하지요.

오늘날 지구상의 모든 생물은 물에 의존합니다.

신경세포 사이의 이온과 분자들의 전달도,
세포에 전달할 비타민과 영양소의 이동도,
몇몇 포유류는 체온 조절에도 물을 사용합니다.

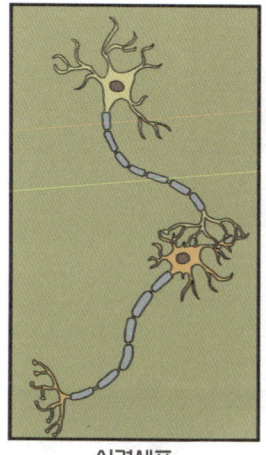
신경세포

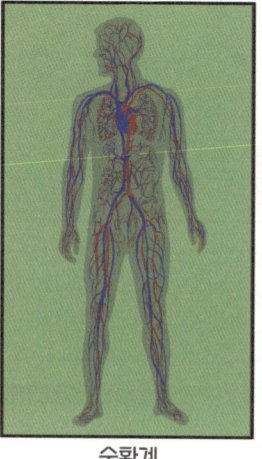
순환계

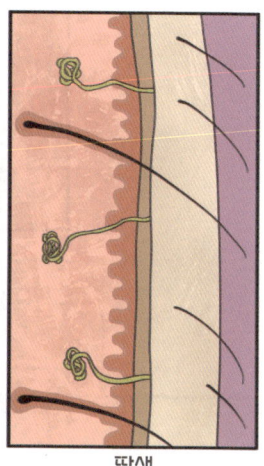
땀샘

60~70%가 물로 이루어진
사람의 경우, 전체 수분의 10%만 잃어도
생명을 유지하기 힘들어지죠.

무우울…

어떤 행성에 액체 상태의 물이 존재하기 위해 가장 중요한 조건은 '온도'입니다.

그리고 행성의 온도를 결정하는 가장 큰 요인은 바로 중심 항성과의 거리죠.

너무 가까우면 물이 모두 증발하고

너무 멀면 물이 얼어버립니다.

이 경계가 되는 지점을 '얼음의 분수령'이라 하고, 태양계의 경우 화성과 목성 사이에 위치합니다.

간단히 말하면, 이 선 왼쪽에서 태어난 천체는 얼음을 갖기 어렵다는 거죠.

너무 뜨거워서 얼음이 얼 수 없으니까요.

물론 이건 얼음 입자가 형성되는 조건이고, 행성의 대기나 중력과 같은 조건이 더해지면 분수령 안에서도 얼음이 유지될 수 있습니다.

분수령 안쪽에 위치한 화성에도 얼음은 있거든요.

지구의 경우, 탄생 초기에는 얼음이 없었지만
모종의 과정을 통해 얼음이 공급되었고

마침 태양과의 적당한 거리를 유지하고 있었기에
지구로 온 얼음이 물의 형태로 녹은 겁니다.

저쪽 신사분께서
보내셨습니다.

얼음(이었던 것)과
유기 분자입니다.

이 적당한 거리에 해당하는 구간이
바로 생명 가능 지대, 또는 골디락스 존입니다.

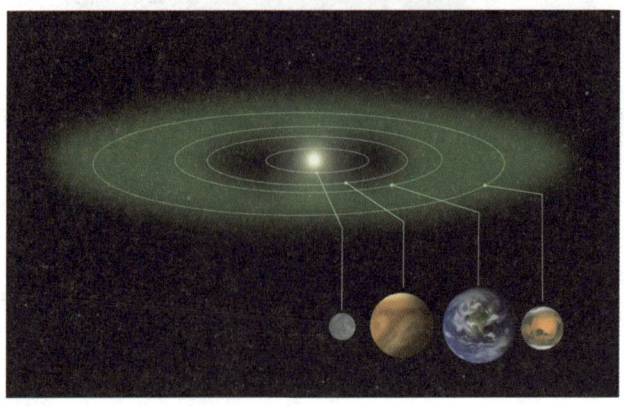

다시 말해 골디락스 존에 행성이 있다면,
그 행성에는 물이 흐를 수 있다는 뜻입니다.

또 골디락스 존은 중심 항성에 따라
거리와 넓이, 지속 시간도 달라집니다.

큰 별의 골디락스 존은 넓지만
오래 유지될 수 없고

작은 별의 골디락스 존은 좁지만
오래 유지됩니다.

극단적으로 크고 밝은 O, B형 별의 경우 수명이 수억 년에 불과합니다.

운 좋게 생명이 태어난다 해도 단세포 단계에서 멸종하겠죠.

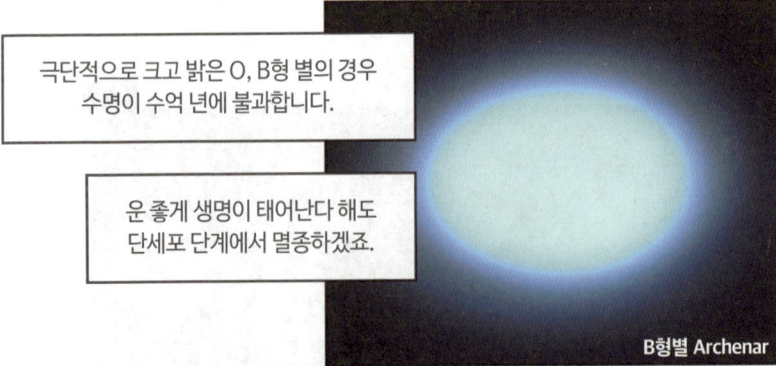

B형별 Archenar

반대로 M형 별은 너무 작아 행성에 조석 고정*이 일어납니다.

밤낮이 없는 행성에서 생명을 기대하긴 힘들죠.

*어떤 천체가 자신보다 질량이 큰 천체를 공전 및 자전할 때 공전주기와 자전주기가 일치하는 현상.

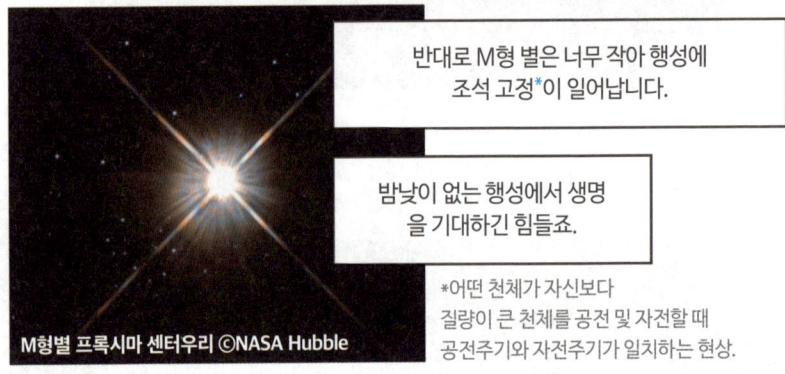

M형별 프록시마 센터우리 ⓒNASA Hubble

이 때문에 적당한 중심 항성의 후보군은 분광형 F~K에 속하는 주계열성으로 줄어듭니다.

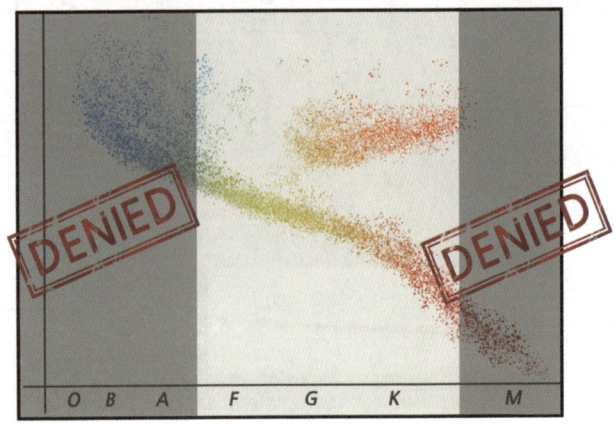

여기서 끝이 아닙니다.

다 같은 가스 덩어리로 보이는 별도 각기 구성 성분이 조금씩 다른데요.

조금 극단적인 사례를 들어보자면, 빅뱅 직후 탄생한 첫 별은 수소와 헬륨밖에 없습니다.

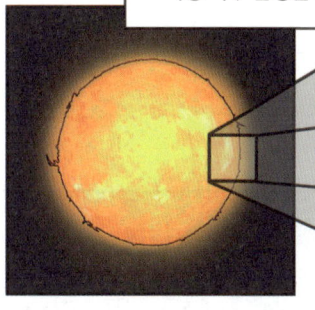

하지만 비교적 최근 탄생하는 별의 경우, 각종 분자와 금속이 풍부한 성운에서 태어나죠.

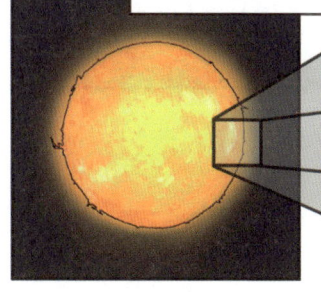
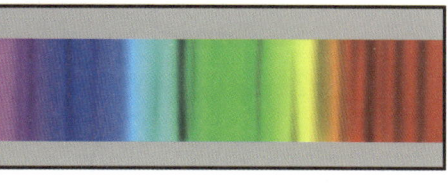

오늘날의 가설에 따르면, 항성계의 행성들은 모항성을 둘러싼 원시 행성계 원반에서 태어납니다.

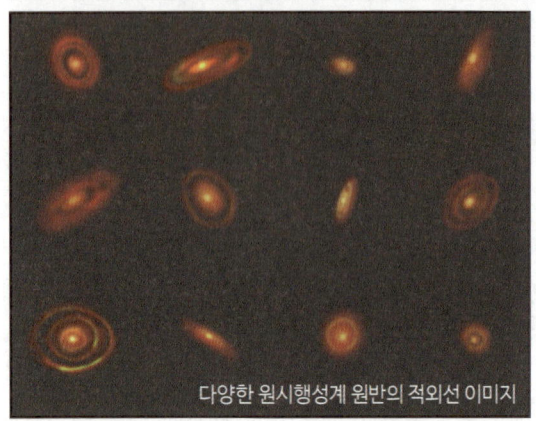

다양한 원시행성계 원반의 적외선 이미지

당연히 항성과 원반의 성분은 동일하고, 수소와 헬륨만으로 행성이 태어나기는 힘듭니다.

따라서 금속성이 낮은 별도 생명을 찾기 좋은 후보는 아닙니다.

화학을 배우시는 분들은 이해하기 힘드시겠지만

천문학에서는 수소와 헬륨 말고는 다 금속이라 불러서…

금속성이 높은 별이라는 건 다양한 원소를 포함한다는 뜻입니다.

여기서 끝이 아닙니다. 별의 위치도 중요합니다.
은하 규모에서도 골디락스 존이 존재하거든요.

은하의 골디락스 존, Galactic Habitable Zone을
구하기 위해 두 가지 조건을 고려합니다.

하나는 성간물질의 밀도

다른 하나는 고에너지 방사선입니다.

(조건이)
두 개지요.

먼저 성간물질은 별과 행성의 재료이므로
밀도는 높을수록 좋습니다.

우리은하를 예로 들어보자면

옅은 헤일로 부근보다

빽빽한 은하 평면에서
생명의 가능성이 더 높다는 뜻이죠.

두 번째로 고에너지 방사선의 경우,
최근 연구에 따르면 미량의 감마선 방출이
수중 유기분자 합성을 촉진시킬 수 있다지만

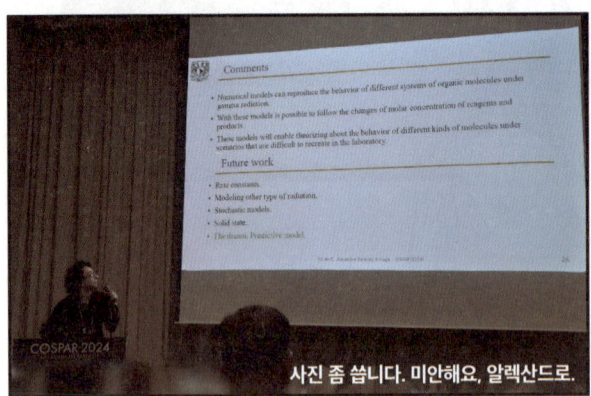

사진 좀 씁니다. 미안해요, 알렉산드로.

이는 자연 상태의 방사성 붕괴에 불과하고요.

강한 방사성 방출은 생물종에게 치명적입니다.
심하면 행성 규모의 대멸종을 초래할 수도 있죠.

초신성 폭발이나

블랙홀이 그 예시죠.

따라서 이런 위협에서 안전해지기 위해서는
은하 중심부에서 멀어지는 편이 좋습니다.

물론 나선팔 부근이라고
초신성 폭발의 가능성이
제로는 아니지만,

늙은 별들의 밀도가 높고 중심에
초대질량블랙홀이 있는 팽대부보다는
안전하겠죠?

자, 이제 앞의 정보를 종합해서 은하 규모의 골디락스 존을 그려본다면 아마 이런 모습이 될 겁니다.

어째 태양계의 골디락스 존과 비슷한 모양새군요.

그럼 앞의 조건을 충족하는 행성이라면 생명이 탄생할 준비가 끝난 걸까요?

아뇨, 아직도 고려할 사항이 남았습니다.
행성 자체의 특성도 생명의 조건 중 하나입니다.

예를 들면 행성이 대기를 지니고 있다면
소행성 충돌로부터 어느 정도 안전해지고

수증기나 이산화탄소, 메탄 등의
온실가스가 있다면
행성을 따뜻하게 유지할 수 있을 것이고

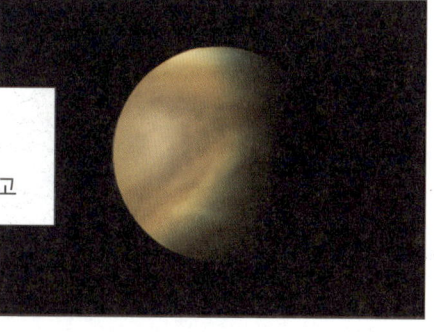

오존층이 있다면 자외선도 차단할 수 있겠죠.

335

행성 내부는 어떨까요?

온실가스를 공급하고 물질을 순환시키기 위해서는 화산과 지진 등의 활발한 지각 활동이 필수적입니다.

만약 행성 내부에 철 성분의 핵이 존재한다면 태양풍을 막아줄 자기장도 형성되겠죠.

이 외에도 질량과 궤도, 주기 등
고려할 요소는 수없이 많습니다.

물론 우주는 아주 넓고
그만큼 다양한 행성이 있다지만,
이 조건을 모두 갖춘 행성을 찾기는 쉽지 않을 겁니다.

하지만 과학자들은
생명을 찾기 위해 끊임없이 도전합니다.

인류의 손이 닿는 곳이라면 직접 찾아가는 것도 마다하지 않았고

화성 탐사선 퍼서비어런스의 착륙

예상하지 못한 의외의 장소에서 실낱같은 희망을 발견하기도 했지요.

엔셀라두스의 물기둥을 통과하는 카시니

덕분에 우리는 점점 더 많은 곳에서
우주 속 생명의 가능성을 찾고 있습니다.

중심별과 너무 가까워 조석이 고정된
Eyeball planet의 중간 지대,

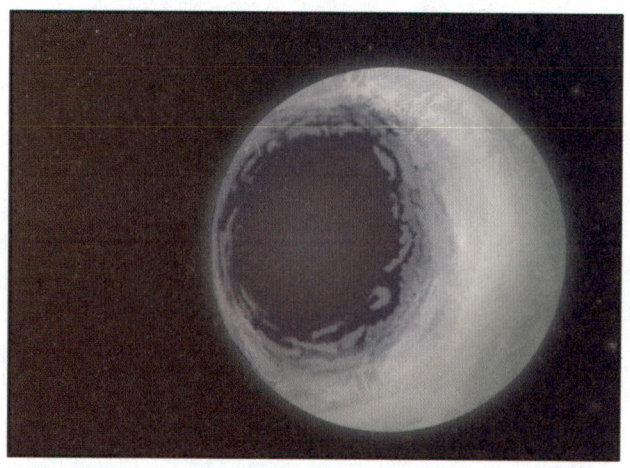

넓은 바다로 덮였을 거라 추정되는
거대 행성 Hycean planet처럼요.

언젠가 만나게 될지 모르는 이웃을 위해 인류의 편지도 몇 차례 보냈습니다.

1972년과 1973년, 두 번의 파이오니어 금속판을 시작으로

1977년 발사된 두 대의 보이저 탐사선도 골든 레코드를 싣고 태양계를 떠나는 중입니다.

인류의 과학기술이 발전함에 따라
긍정적인 소식도 하나둘 들려오고 있습니다.

2023년 9월, 제임스 웹은
외계행성 K2-18b의 대기에서
생명 활동의 징후로 의심되는 화합물을 검출했고,

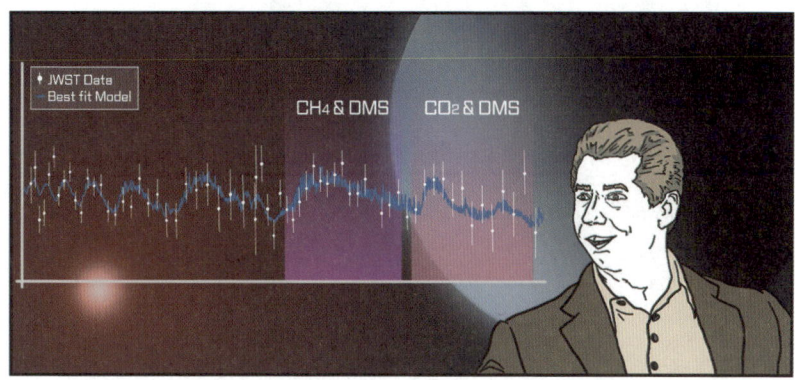

2024년 7월, 퍼서비어런스는
화성의 암석에서 미생물 활동의 흔적으로 의심되는
암석을 채취했습니다.

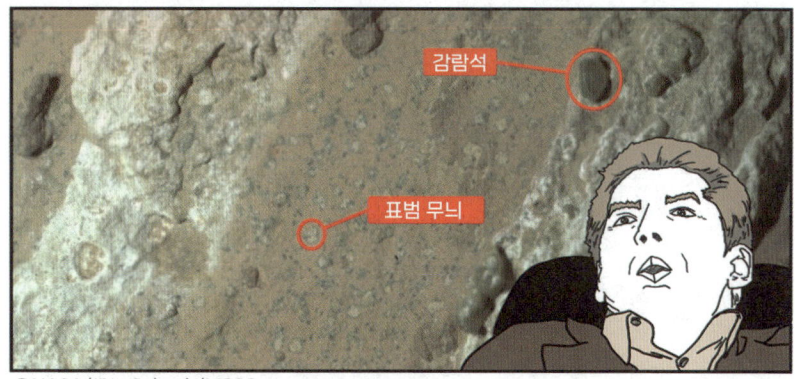

ⓒNASA/JPL-Caltech/MSSS

반대로 그들이 우리를 찾아온 것으로
의심된 순간도 있었습니다.

외계 문명의 신호일지도 모르는
1977년의 와우(Wow!) 시그널이나

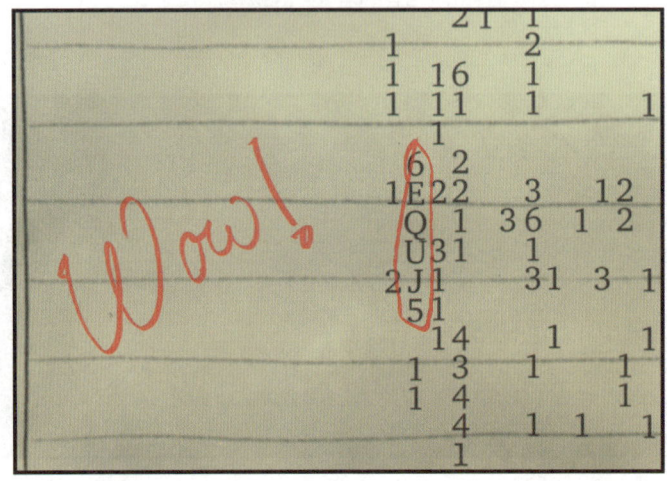

성간 우주선일지도 모르는
2017년의 오우무아무아처럼요.

하지만 아직까지 결정적인 발견은 없습니다.
모두 흔적이나 정황 등 가능성에 불과하죠.

아무리 둘러봐도 이 우주에
우리 외의 생명은 없는 것 같습니다.

어쩌면 우리의 삶의 터전인 지구가
너무도 적절한 시기에, 너무도 적절한 자리에서 형성된
억세게 운이 좋은 행성일지도 모릅니다.

만약 그렇다면
지구와 그 위에서 살아가는 우리는
약간은 축복받은,
약간은 외로운 존재일지도 모르겠네요.

지구는 언제까지 생명의 터전으로 남을 수 있을까?

골디락스 존 또는 생명 가능 지대(HZ)는 행성의 위치와 행성이 중심별로부터 받는 에너지의 양에 따라 결정됩니다. 이 영역은 영원하지 않습니다. 별은 나이를 먹어감에 따라 변화하지요. 일반적인 별은 수십억 년에 걸쳐 진화하며, 점차 커지다가 끝내 거성 단계에 진입합니다. 우리의 태양도 점차 커지고 있고, 그에 따라 태양계의 골디락스 존도 매년 1m씩 바깥으로 밀려나고 있습니다. 언젠가는 지구가 골디락스 존에서 벗어나게 된다는 뜻이죠.

그럼 지금처럼 지구에서 생명이 살 수 있는 시간은 얼마나 남았을까요? 최근 계산에 따르면 지구가 골디락스 존에 위치할 수 있는 시간은 약 63~78억 년 정도라고 합니다. 지구의 나이가 약 55억 년임을 생각하면 우리가 골디락스 존에 위치할 수 있는 시간의 70% 정도를 이미 소진한 셈이죠. 약 10억 년 후에는 지구가 골디락스 존에서 벗어나 지금의 금성처럼 너무 뜨거워지고, 끝내 생명이 살 수 없는 행성이 될 것입니다. 그때가 되면 인류가 살기 적절한 행성은 아마 화성이 되겠네요. 골디락스 존 안으로 들어온 화성은 점차 따뜻해지고, 극관의 얼음이 녹아 강이 되어 흐를지도 모르겠습니다.

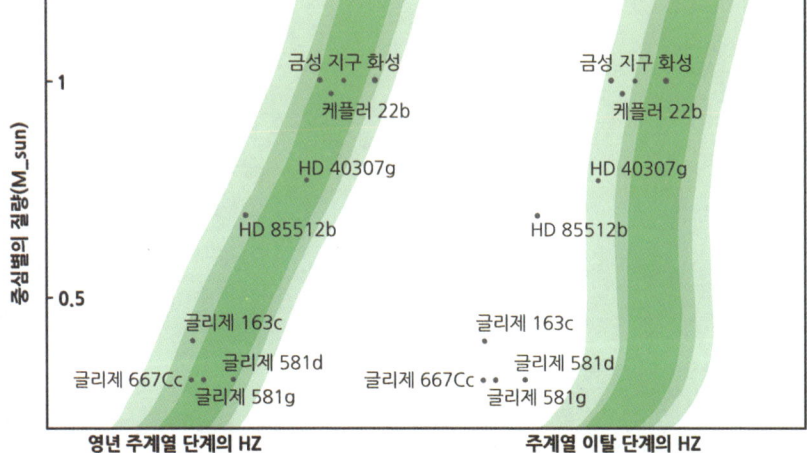

14화

얼어붙은 세계는 외계 생명의 꿈을 꾸는가

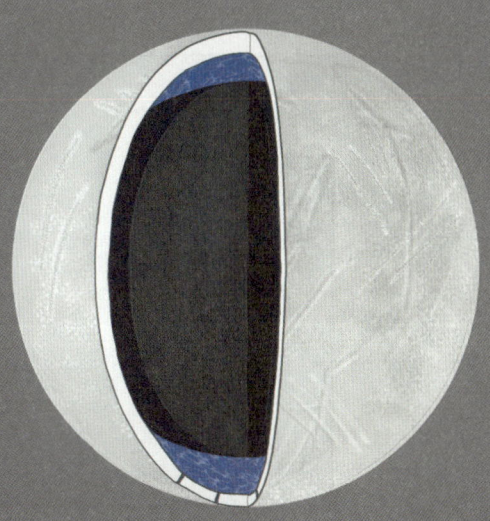

적절하게 유지되는 온도

액체 상태를 유지하는 물의 존재

산소를 충분히 포함한 대기권 등

> 사람이 살아가는 데 꼭 필요한 조건들이
> 지구에 완벽하게 갖추어져 있는 듯하다.

> 하지만 이러한 감탄성 주장이 부분적으로는
> 원인과 결과를 혼동한 데서 비롯된 것임을 알아둘 필요가 있다.
> – 칼 세이건, 《코스모스》중에서

남극은 지구에서 가장 극한 환경 중 하나입니다.

겨울 평균 기온은 -20~-50℃ 언저리이고,
-89.2℃라는 최저 기온을 기록한 적도 있어요.

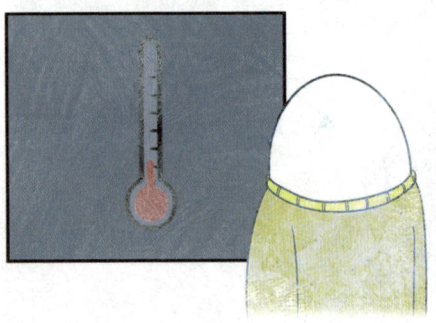

바람은 또 얼마나 거센지
평균 풍속이 48m/s인 지역도 있습니다.
태풍의 풍속과 비슷한 수준이죠.

연간 강수량이 200mm 이하인데,
그마저도 금방 얼어붙어서 지구상에서
가장 건조한 사막이라 불립니다.

물…
물은 있는데

마실 수가 없…
그에에…

회복 중이라고는 하지만,
여전히 오존층이 얇아 지표면에 도달하는
자외선도 비교적 강합니다.

생명이 살아남기에
최악의 환경이라 할 수 있지요.

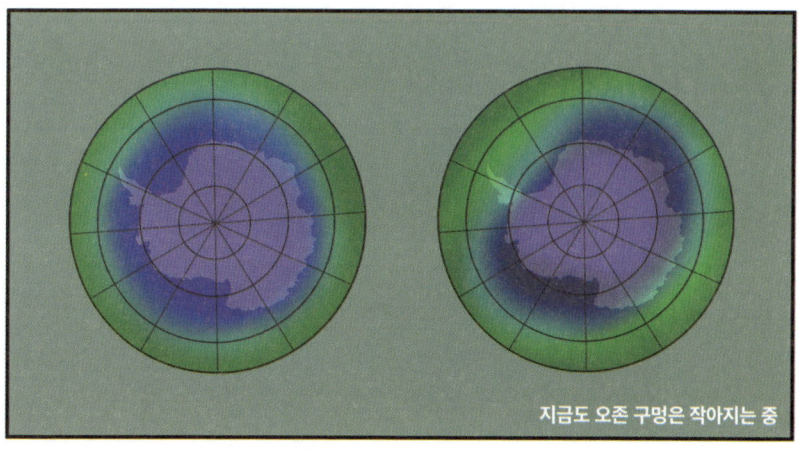

지금도 오존 구멍은 작아지는 중

그러나 이런 환경에서 사는 생물도 있습니다.

비교적 따뜻한 해안 지역에서는 펭귄을 포함한 새들이,

보다 내륙에서는 몸을 건조시켜 생존하는 미생물들이,

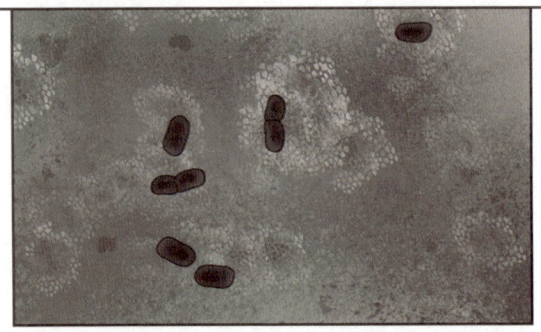

일시적으로 형성되는 호수에서는 이끼나 지의류, 완보동물과 진드기들이 작은 생물계를 이루죠.

이야기는 1979년 한 우주선에서 시작됩니다.

우주선의 이름은 그 유명한 보이저 1, 2호.
목성과 토성을 지나 태양계 너머로 향하고 있었죠.

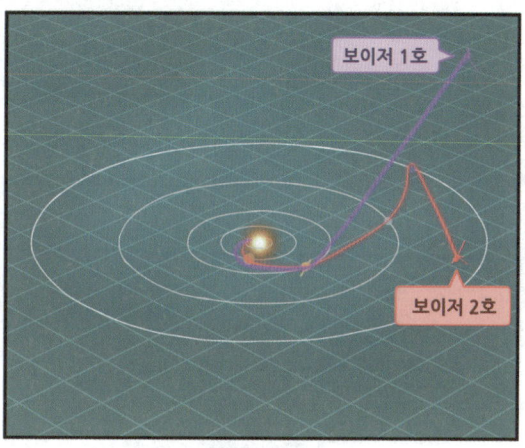

목성의 도움을 받아 토성으로 향하는 길에
보이저는 목성의 위성들을 촬영했습니다.

보이저호가 촬영한 목성의 위성들은
하나같이 독특하고 신비로웠습니다.

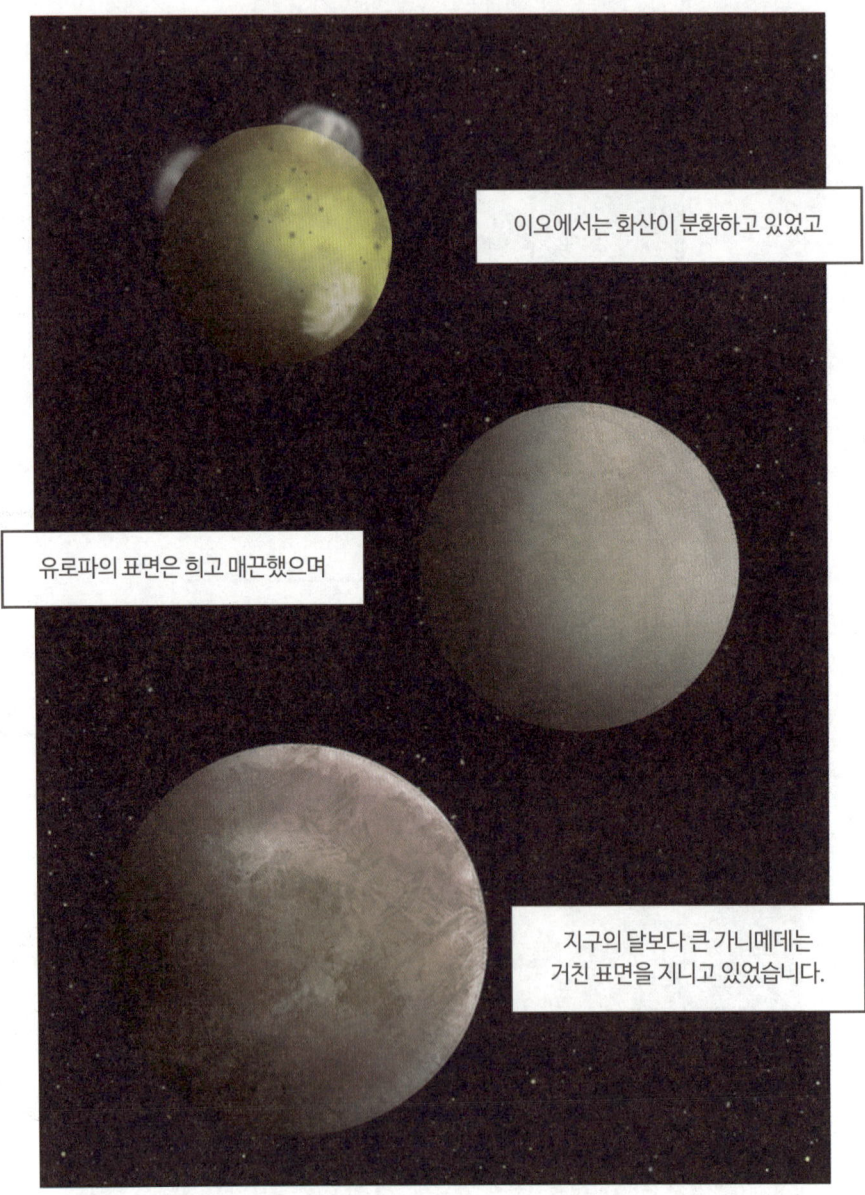

이오에서는 화산이 분화하고 있었고

유로파의 표면은 희고 매끈했으며

지구의 달보다 큰 가니메데는
거친 표면을 지니고 있었습니다.

목성을 넘어 토성을 지나칠 때는
타이탄의 두꺼운 대기도 확인할 수 있었습니다.

천문학자들은 이 위성들을 더 알아보기 위해
후속 탐사선을 보내 조사를 계속합니다.

1989년에는 목성으로
갈릴레오 탐사선을,

1997년에는 토성으로
카시니-하위헌스 탐사선을 보냈죠.

탐사선들이 보내온 데이터는 놀라웠습니다.
유로파의 표면이 밝은 이유는 얼음 때문이었고,

비정상적으로 매끄러운 표면과 찢어진 듯한 긴 균열은
지표면이 활발하게 변화한 흔적으로 보였습니다.

균열 주위의 적갈색 토양은 얼어붙은 염으로 추측되었으며,
이는 얼음층이 갈라질 때 내부에서 분출된 것으로 보였죠.

믿기 힘들었지만 유로파의 얼음 지각 아래에는
거대한 규모의 바다가 있는 것 같았습니다.

보이저 표면 사진과 갈릴레이의 데이터

이것들로 수수께끼는 모두 풀렸어!

진실은 언제나 하나!

유로파의 지하에는 바다가 있다!

이후 토성으로 향한 카시니도 흥미로운 소식을 가져왔는데

토성의 E고리에 위치한 엔셀라두스에서 솟구치는 물기둥을 포착한 것입니다.

지가 이 카메라로 똑똑히 봤슈.

이어 2014년, 허블 망원경이 유로파의 물기둥을 촬영하며 지하 바다의 존재는 100% 확실해졌습니다.

아아, 대 허 블, 또 당신입니까! GOAT

게다가 이 '바다'의 규모는
단순히 얼음층 아래의 작은 호수가 아니라

행성 아래 수 킬로미터 깊이로
두껍게 층을 이룬 것처럼 보였습니다.
지구 전체의 물을 합친 것보다 훨씬 많은 양이죠.

그런데 말이죠, 이 바다는 이상합니다.

엄청난 양의 물이야 그럴 수 있지요.
얼음의 분수령 너머에서 형성된 천체들이니
지구보다 많은 물을 지닌 건 당연합니다.

이전 화에서 가볍게 소개드렸죠?

그런데 무엇이 이 물을 녹인 걸까요?

충분한 질량을 지니지 못한 천체들은
대기를 갖기 힘들고 맨틀도 빨리 식는데 말이죠.

이 의문의 에너지원은 천문학자들 사이에서 오랫동안, 그리고 지금까지도 논쟁거리입니다.

방사성 원소의 자연붕괴가 열을 공급한다는 가설도 있고,

요즘에는 목성의 중력에 의한 조석 마찰이 가장 설득력 있지만

이 모든 요인이 복합적으로 작용할 수도 있죠.

2000년대에 들어서며
이 바다 연구에 본격적으로 불이 붙기 시작했습니다.

2008년과 2015년,
카시니 탐사선은 엔셀라두스의 물기둥 속을 통과해 지나갑니다.

탐사선에 탑재된 질량분석기는
물의 성분을 분석했고

암모니아와 메탄, 이산화탄소를
검출하는 데 성공했습니다.

2023년 6월, 후속 연구에서 과학자들은 같은 물기둥에서 인산염을 검출했습니다.

앞선 연구와 종합하면 엔셀라두스의 바닷속에는 생물을 이루는 기본 원소가 모두 포함된 것이고

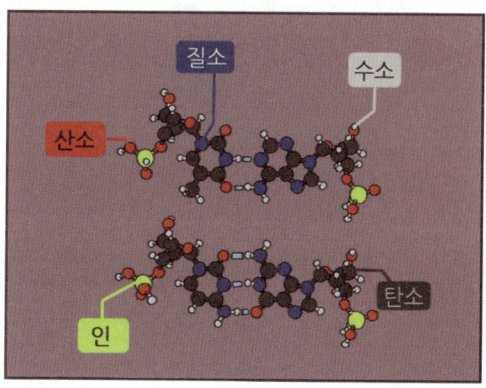

DNA를 구성하는 네 가지 염기

표면에서 분출된 물은 순식간에 얼어붙어
토성 고리 중 E고리의 일부가 되고

이산화탄소와 암모니아가 포함된 무거운 얼음 조각은
표면으로 돌아와 균열 주위에 내려앉은 듯 보였습니다.

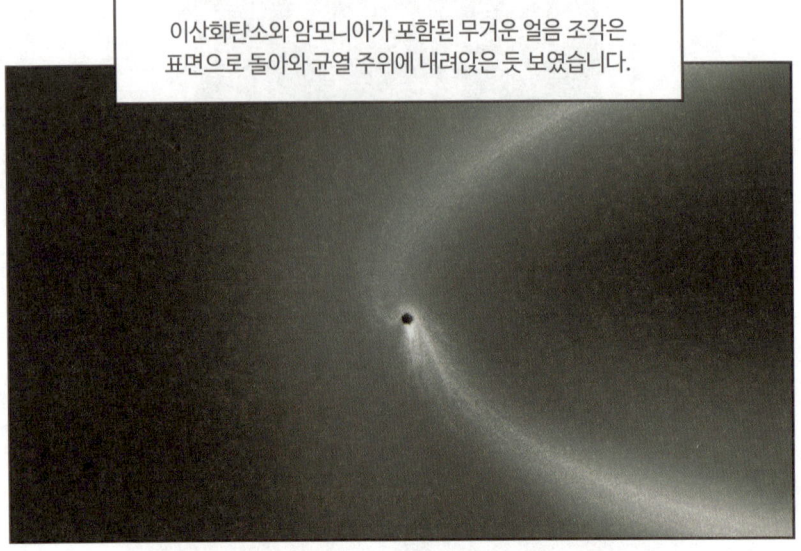

2005년의 카시니 데이터를 분석했더니
이 지역이 주변보다 따뜻하다는 사실도 알아냈죠.

원인이 무엇이든 내부 바다가
가열되고 있음이 확실했습니다.

행복회로 좀 돌려보자면
심해 열수구라든가…?

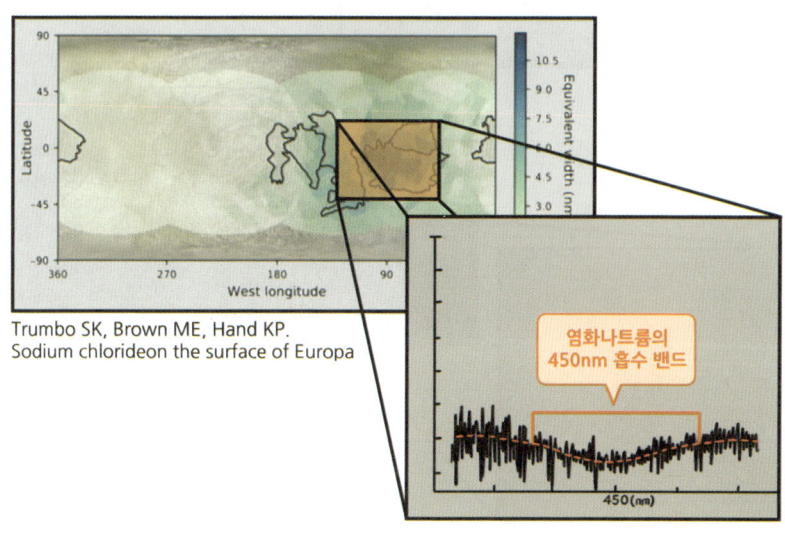

Trumbo SK, Brown ME, Hand KP.
Sodium chlorideon the surface of Europa

요즘 가장 핫한 망원경, 제임스 웹도
유로파 표면의 이산화탄소 분포를 측정했고

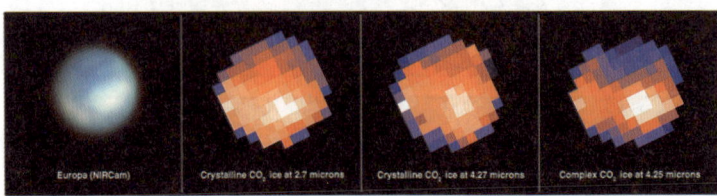

원인은 확실하지 않지만,
그 분포에 지역별로 큰 편차가 있음을 밝혀냈습니다.

현재까지 가장 이상적인 가설은 내부에서
다양한 염을 포함한 물이 분출되고 차가운 표면에서 얼어붙는 것입니다.

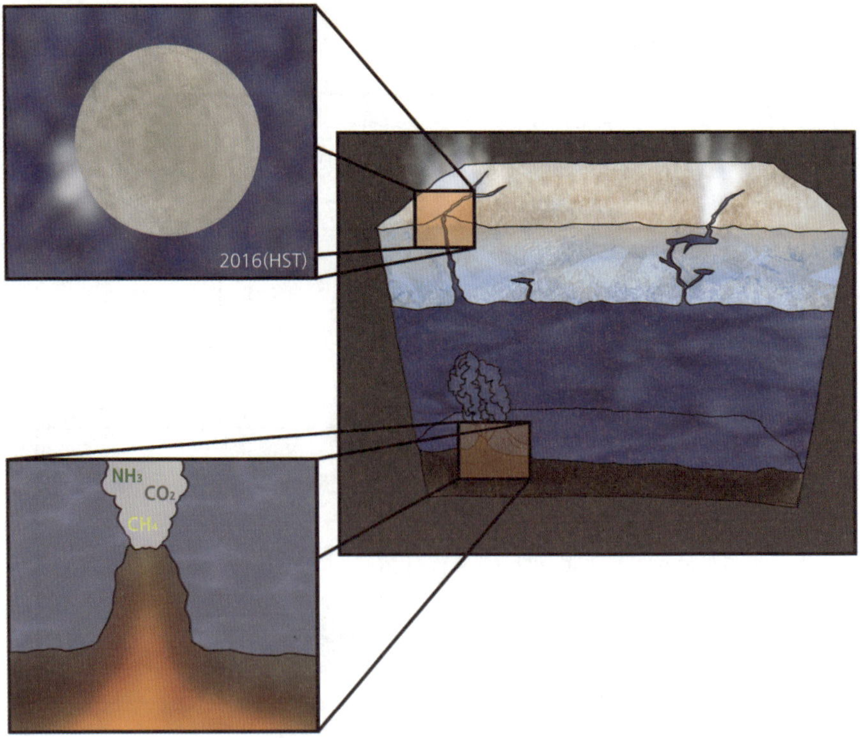

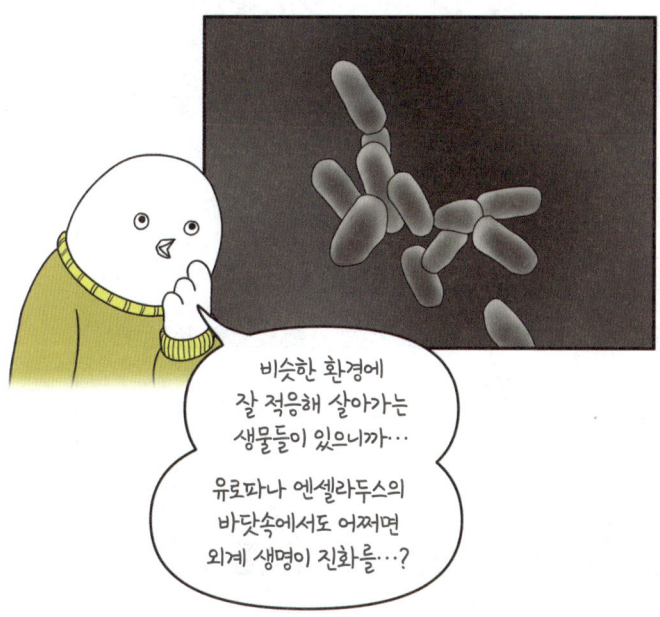

하지만 최근 진행된 연구에서 긍정적인 결과만 나온 건 아닙니다.

제임스 웹은 비교적 최근인 2023년 5월, 엔셀라두스에서 뿜어져 나오는 물을 촬영했는데

분석 결과 순수한 물 이외의 성분을 찾아낼 수 없었습니다.

최근 연구에 의하면 유로파 또한 최소 10km 두께의
얼음으로 이루어진 표면과 내부 바다가
서로 상호작용이 없을 것이라는 분석이 나왔습니다.

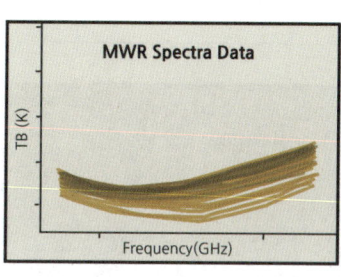

2021년에는 일본에서 스바루 망원경을 통해
유로파 관측 프로젝트를 시작했는데요.

유로파를 위도별 다섯 구역으로 나누어 관측을 진행했으나

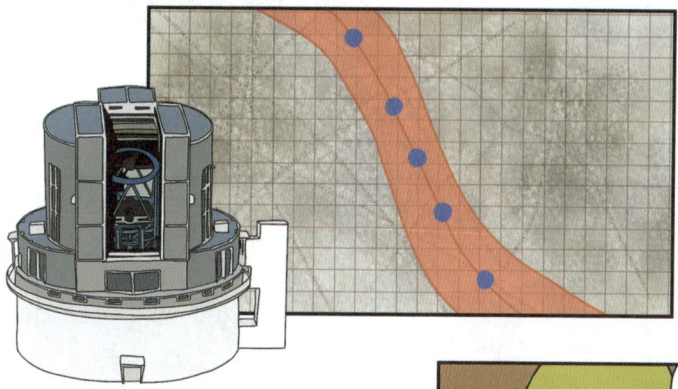

물은 코빼기도 보이지 않았습니다.

그런 건 없다.

물론 지금까지 인류가 이 위성들에 대해 알아낸 사실은 극히 일부에 불과합니다.

게다가 다양한 탐사선과 망원경의 관측 자료들도

그 결과가 서로 다르게 나오니

얼음 위성에 숨은 생명의 가능성은 아직까지 미지의 영역인 듯합니다.

하지만 오히려 아무것도 모르기 때문에
이어질 다음 연구가 더 기대되는 것 같습니다.

목성으로 항해하는 중인 JUICE와
곧 발사될 유로파 클리퍼는
얼어붙은 세계의 비밀을 찾아낼 수 있을까요?

목성 얼음 위성 탐사선
(Jupiter Icy moon Explorer)

유로파 클리퍼

얼음 표면 위를 누비게 될 탐사에서는
어떤 새로운 발견이 우리를 반겨줄까요?

얼음 아래 숨겨진 바다에서
우리는 우리와 닮은 존재를 만날 수 있을까요?

지구의 햄버거랑 피자가
그렇게 맛있다던데!

자연이 선물한 극한의 실험실, 남극

남극은 지구에서 가장 극한 환경을 지니고 있습니다. 전체 대륙의 98%가 얼음으로 덮여 있고, 매우 춥고 건조하며, 자외선 조사량도 높습니다. 그러나 남극은 단순한 불모지가 아닙니다. 앞서 소개해드린 독특한 환경 덕분에 자연과학부터 기후 변화, 극한 생물학, 공학, 우주과학까지 다양한 분야에서 전 세계 연구자들이 몰려드는 중요한 실험실이 되었습니다.

특히 우주과학 분야에서 남극의 극한 조건은 외계 환경을 재현하기 가장 좋은 실험실입니다. 그 예로 맥머도 드라이 밸리(McMurdo Dry Valley)를 들 수 있습니다. 남극에서 몇 안 되는 얼음이 없는 지형으로, 매우 춥고 건조해 초목이 없고 바위와 흙으로 가득한 사막인데요. 소수의 지의류나 혐기성 박테리아를 제외하면 생명을 찾기도 힘들죠. 이런 이유 때문에 과학자들은 이곳을 화성과 가장 유사한 환경으로 여깁니다. 캘리포니아 데스밸리와 함께 화성 탐사 장비의 테스트가 이루어지는 곳이기도 하죠. 또 보스토크호(Lake Vostok)처럼 두꺼운 빙하 아래 형성된 호수는 얼음 위성 유로파나 엔셀라두스와 유사한 환경으로 여겨집니다. 유럽과 미국은 이 남극 호수에서 차세대 탐사선과 장비를 테스트하고 있다고 합니다.

맥머도 드라이밸리에서 화성 탐사선에 쓰일 드릴을 테스트하는 과학자들

15화

우주 라이크 유니버스

먼 옛날, 인류에게 하늘은
신화의 공간이었습니다.

온 우주가 거북의 등에
올라가 있기도 했고,

은하수는 하늘의 등뼈이기도 했고,

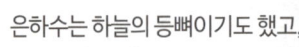

하늘과 땅이 그 자체로
신의 육체이기도 했지요.

잠시 역사 이야기를 해봅시다.

기원전부터 동서양의 교류는
육로를 통해 이루어졌습니다.

로마에서 페르시아를 지나
중앙아시아, 인도, 중국을 잇는
이 길은 '실크로드'라 불렸으며

이름은 실크로드지만
비단만 오간 건 아니랍니다.

실크로드의 거점이었던 사마르칸트, 장안과 같은 곳은
자연스럽게 대도시로 성장하기도 했습니다.

그러다 15세기에 들어서며
경제의 중심지가 바뀌었습니다.

포르투갈과 스페인이었죠.

1498년 포르투갈의 바스쿠 다가마는
아프리카를 돌아 인도로 향하는 항로를 개척했고

1492년 스페인의 지원을 받은 콜럼버스는
대서양을 건너 아메리카에 도착했습니다.

대항해 시대에 이들이 앞서 개척한 항로는
두 나라를 유럽의 경제 중심으로 성장시켰죠.

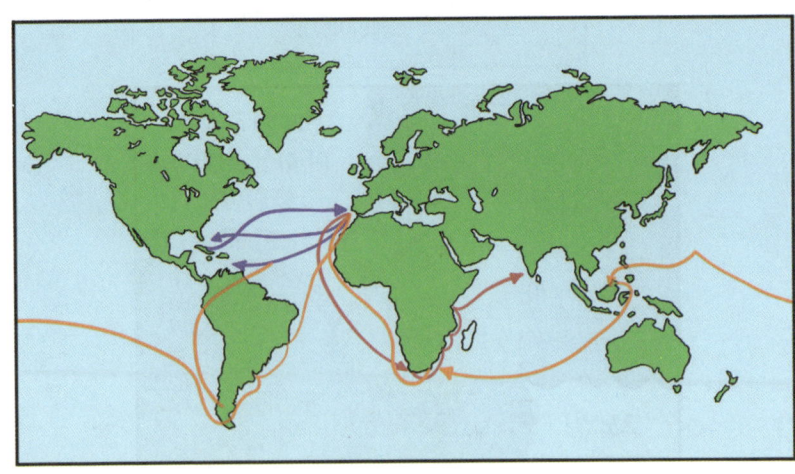

… 네, 물론 이 이야기에는
역사적 측면에서 약간의 오류가 있습니다.

해상 무역은 기원전부터 이루어졌고

대항해 시대에도 육로 무역은 건재했으며,
오히려 교역량 자체는 증가했어요.

다시 원래 이야기로 돌아와서

바다를 건넌 국가가
유럽 경제의 중심이 된 것은
단지 야심 찬 아이디어의
성공 때문이 아닙니다.

역풍을 가르고 항해하게 해준 범선.

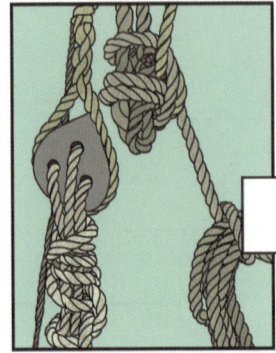

돛과 삭구(로프, 쇠사슬 따위)를 만드는 기술.

바다에서 길을 찾게 해준 천문항법과 나침반 등.

당시의 최첨단 기술이 받쳐주었기 때문에 그들의 도전은 성공할 수 있었습니다.

나의 쩌는 아이디어와

너의 쩌는 기술력

이 둘로 완벽한 항로를 개척해야 해.

할 수 있지, Santa Maria?

오늘날의 우주 개척은 이 위치에 있습니다.

오늘날 인류가 지닌 기술력에
약간의 정신 나간 아이디어가 더해진다면

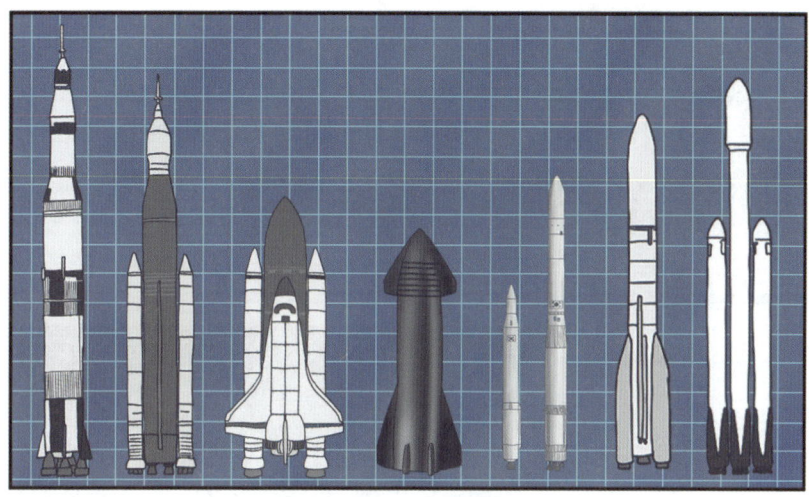

지구 밖 광활한 우주는
21세기의 신대륙이 될 수 있습니다.

우주를 개척하는 것은
다른 분야의 개척으로도 이어집니다.

앞의 5화에서 소개한
파생 기술을 기억하시나요?

NASA는 매년
이 파생 기술 간행물을 내는데요.
관심이 있다면 직접 찾아보셔도
재미있을 겁니다.

기술의 발전은
늘 예상 밖의 결과를 가져오곤 합니다.

적국의 암호를 해독하던 컴퓨터는
가정의 책상 위로 올라왔고,

군용 식량으로 개발된 통조림은
마트 진열대에 들어왔으며

대륙을 넘어 탄두를 보내던 로켓은
지구 밖으로 우주선을 보내죠.

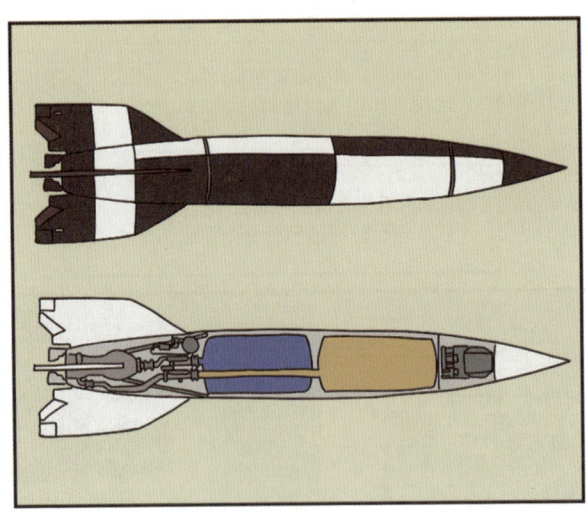

과학에서 이런 사례들은 셀 수 없이 많습니다.

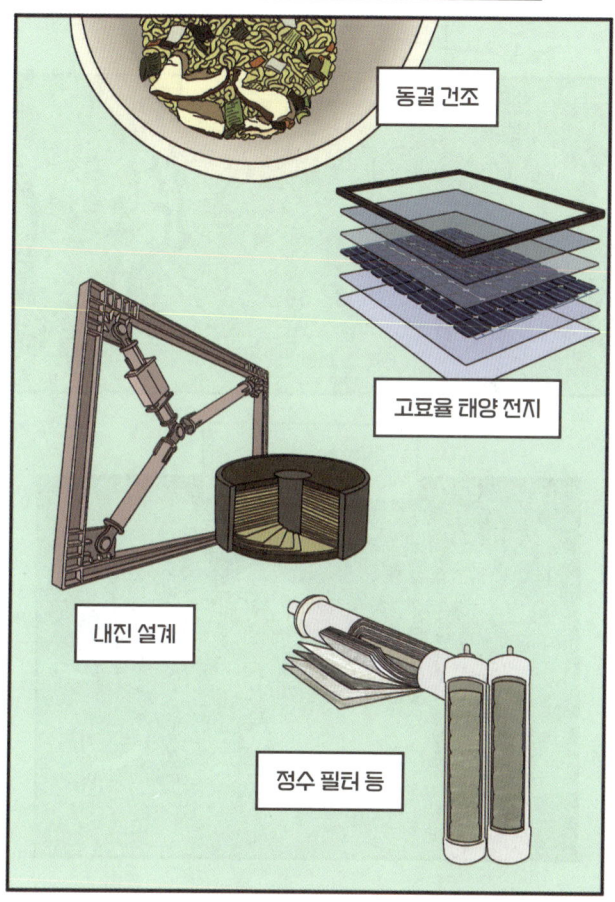

이번엔 좀 더 근원적인 이야기를 해볼까요?

우리는 어디에서 왔고

어디로 가는가?

이 우주에는 우리밖에 없는가?

이런 근원적인 질문에 과학적인 답을 찾으며
우리는 새로운 통찰을 얻기도 합니다.

우주에 대한 연구는
어쩌면 우리의 본질에 대한 연구입니다.

이 때문에 많은 사람들이
천문학에서 '낭만'을 느끼는 것이 아닐까 싶네요.

이 만화는 여러분에게
천문학의 낭만을 전하기 위해 준비한 작품입니다.

별을 좋아하는
아마추어 천문학자에게

과학을 좋아하는
미래의 과학자에게

우주를 좋아했으면 하는
한 명의 독자에게

별을 잊은 그대에게.

에필로그

저는 어릴 적부터 과학을 좋아했습니다. 자기소개서의 첫 문장 같은 형식적이고 인위적인 표현처럼 들리겠지만 정말입니다. 이 세상의 구조와 원리를 파헤치는 도전에서 오는 희열과 동경이 있었어요. 특히 천문학은 앎에 대한 욕구의 끝자락에 선 학문처럼 느껴져 더 마음에 들었습니다. 흔히 쓰는 표현으로 낭만이 넘친다고나 할까요?

천문학의 낭만에 취해 살던 어느 날, 저는 칼 세이건의 책을 읽게 되었습니다. 특별한 계기가 있었던 건 아니고, 중고등 인문고전 추천 목록에 늘 들어 있는 책이라 마지못해 읽은 책이었어요. 그렇게 자의 반 타의 반으로 집어 든 책이 저를 칼 세이건 입덕으로 이끌었고(살면서 과학자 덕질을 하게 될 줄 누가 알았겠어요), 자칭 과학문화 전도사로서의 삶에 결정적인 영향을 주었습니다.

《코스모스》를 처음 읽은 후의 감상은 '역시 천문학은 재미있다'는 것이었습니다. 그러다 이런 생각이 들었어요. 이 좋은 걸 나만 알고 있을 수는 없지! 사람들에게 천문학의 아름다움을 전파하는 것이야말로 천문학도가 수행해야 할 궁극의 과제인 것이다!

하지만 저에게 칼 세이건처럼 수려한 글을 쓸 능력은 없었죠. 대신 그나마 자신 있는 만화로 그려보자 결심했습니다. 그렇게 아마추어 과학만화가의 길을 걷기 시작했고, 지금도 만화를 그리며 아직 천문학의 즐거움을 접하지 못한 분들에게 과학을 떠먹여 드리는 삶을 살고 있습니다. 잉크펜과 색연필로 그리던 아마추어 시절의 과학만화는 다행히 많은 분들로부터 좋은 평가를 받았고, 덕분에 데뷔도 하고 출판의 기회까지 얻었습니다.

제 만화가 부족한 점이 많다는 것을 잘 알고 있습니다. 순전히 제가 좋아하는 내용만 이것저것 중구난방으로 다루었기 때문에 깊은 지식을 담은 전문서도 아니고, 친절한 입문용 교양서도 아닌 애매한 만화가 되어 버렸죠. 그럼에도 불구하고 한 가지 바라는 점이 있다면, 제가 이 책으로 독자들과 함께 천문학에 담긴 호기심과 탐구 정신의 정수, 끝없는 질문과 도전에서 오는 천문학의 낭만을 즐기는 것입니다.

끝으로 이 만화가 책으로 나오기까지 도움을 주신 분들께 깊은 감사의 말씀을 드립니다. 부족한 만화임에도 즐겁게 읽어주시는 독자분들, 이런 만화에도 연재의 기회를 주신 PD님과 출판으로 이어주신 편집자님, 항상 옆에서 다방면으로 도와주시는 주변 작가분들, 모든 분들에게 진심으로 감사드립니다. 더 나은 만화로 돌아올 것을 약속드리며, 저는 앞으로도 좋아하는 것 잔뜩 그리며 살겠습니다.

비둘기덮밥

인명 색인

12쪽 **제임스 에드윈 웹(James Edwin Webb / 1906~1992)**
제2대 NASA 장관(1961~1968)을 지냈다. 존 F. 케네디 행정부 때부터 머큐리 계획, 제미니 계획, 아폴로 계획 유인 비행 직전까지 여러 프로젝트를 담당했다.

37쪽 **로버트 윌리엄스(Robert Williams / 1940~)**
미국의 천문학자. 우주망원경 과학연구소 연구소장(1993~1998)을 지냈다. 허블망원경을 담당하던 당시 아무것도 없는 우주 공간을 찍어보자는 색다른 아이디어를 냈다.

141쪽 **클라이드 톰보(Clyde William Tombaugh / 1906~1997)**
미국의 천문학자. 해왕성 궤도 밖의 행성을 탐사하다가 명왕성을 발견했다. 그 외 여러 소행성과 은하를 발견했다. 1997년 사망한 그의 화장 유해 중 일부가 2006년 뉴호라이즌스호에 실렸다. 뉴호라이즌스호는 2015년 9월 명왕성 최근접점을 통과했다.

마이클 브라운(Michael E. Brown / 1965~)
미국의 천문학자. 2003년부터 캘리포니아 공과대학 행성천문학 교수를 맡고 있다. 연구진과 함께 많은 해왕성 바깥 천체를 발견했다. 그중 가장 유명한 것이 '에리스'다. 이 발견은 명왕성이 왜행성으로 강판되는 계기가 되었다.

<u>145쪽</u> **앨런 스턴(Alan Stern / 1957~)**
뉴호라이즌스호 탐사 미션의 수석연구원이자 행성과학자. 20여 개의 과학 우주 임무에 참여하는 등 미국 우주 탐사 영역에서 다양한 활동을 했다. 명왕성이 왜행성으로 분류될 때 반대했던 과학자 중 한 명이다. 〈타임〉이 선정한 '세계에서 가장 영향력 있는 100인'에 이름을 올린 바 있다.

<u>150쪽</u> **크리스티안 하위헌스(Christiaan Huygens / 1629~1695)**
네덜란드의 수학자, 물리학자, 천문학자. 망원경 개량을 통해 토성의 위성인 타이탄 및 토성의 고리를 발견했다. 운동량 보존 법칙, 에너지 보존 법칙에 해당하는 이론을 통해 역학의 기초를 세우는 데 공헌했다.

장 도미니크 카시니(Jean Dominique Cassini / 1748~1845)
이탈리아에서 태어나 프랑스로 귀화한 천문학자. 파리천문대 초대 대장을 지냈다. 목성과 화성의 자전 주기를 측정했고, 토성 고리의 틈과 4개의 위성을 발견했다. 달의 자전에 관한 '카시니 법칙'으로 유명하다. 화성과 태양의 거리를 재는 등 많은 업적을 남겼다.

윌리엄 허셜(Frederik William Herschel / 1738~1822)
독일 출신의 영국 천문학자이자 작곡가. 교향곡을 작곡하다가 30대 중반 이후 천문학에 매진했다. 1781년 자신이 만든 망원경으로 천왕성을 발견했다. 토성의 두 위성(미마스, 엔셀라두스)을 발견하는 등 많은 업적을 남겼다. 1785년 '무한한 우주는 별의 집단인 은하들이 수없이 많이 모여 이루어진다'는 우주생성론을 정립했다.

<u>176쪽</u> **아노 펜지어스(Arno Allan Penzias / 1933~2024)**
독일 태생의 미국 물리학자. 벨 전파연구소 소장을 지냈다. 로버트 윌슨과 함께 빅뱅 이론의 가장 강력한 증거인 '우주배경복사'를 최초로 관측했다. 이 공로로 1978년 노벨물리학상을 수상했다.

로버트 우드로 윌슨(Robert Woodrow Wilson / 1936~)

미국의 전파천문학자. 벨 전파연구소 연구원이었으며 전파물리학과장을 지냈다. 최초로 우주배경복사를 관측해 아노 펜지어스와 함께 노벨물리학상을 공동 수상했다.

184쪽 라인하르트 겐첼(Reinhard Genzel / 1952~)

독일의 천체물리학자. 캘리포니아대학교 버클리캠퍼스 물리학부 교수를 지내고, 독일 막스플랑크 연구소에 재직 중이다. 우리은하의 중심에서 초대질량 블랙홀을 발견한 공로로 2020년 안드레아 게즈, 로저 펜로즈와 함께 노벨물리학상을 수상했다.

안드레아 게즈(Andrea M. Ghez / 1965~)

미국의 천문학자. 애리조나대학교 연구원을 거쳐 캘리포니아대학교 로스앤젤레스캠퍼스 교수로 재직 중이다. 블랙홀 연구에 기여한 공로로 2020년 라인하르트 겐첼, 로저 펜로즈와 함께 노벨물리학상을 수상했다.

로저 펜로즈(Roger Penrose / 1931~)

영국의 수학자, 이론물리학자. 프린스턴대학교, 킹스칼리지 런던, 옥스퍼드대학교 등에서 강의했다. 왕립천문학회의 에딩턴 메달, 울프물리학상, 알베르트 아인슈타인 메달 등 과학에 대한 공헌으로 많은 상을 받았다. 1994년 과학에 대한 공로로 기사 작위를 받았다. 블랙홀 형성이 일반상대성이론의 확실한 예측이라는 사실을 발견한 공로로 2020년 노벨물리학상의 절반을 수상했다. 나머지 절반은 라인하르트 겐첼, 안드레아 게즈에게 돌아갔다.

187쪽 존 미첼(John Michell / 1724~1793)

영국의 물리학자, 지질학자, 성직자. 천문학, 지질학 등 광범위한 분야에서 선구적인 통찰력을 제공했다. 우주 연구에 통계를 적용한 최초의 인물이며, 책을 통해 블랙홀의 존재를 제안한 최초의 인물이다. '지진학의 아버지'이자 '자기측정학의 아버지'라고 불린다.

188쪽 **피에르 시몽 라플라스(Pierre Simon de Laplace / 1749~1827)**
프랑스의 천문학자, 수학자. 수리물리학 발전에 크게 공헌했다. 행렬론, 확률론 등을 연구했으며 라플라스 변환, 라플라스 방정식 등에 그의 이름이 남아있다. 태양계의 형성 과정인 성운설을 최초로 주장한 사람 중 하나로, 이는 블랙홀과 중력 붕괴에 대한 최초의 이론적 예측이다. 그의 책 《천체 역학》은 당시의 물리학을 집대성하고 확장한 명저로 여겨진다.

제임스 클러크 맥스웰(James Clerk Maxwell / 1831~1879)
스코틀랜드 출신의 물리학자, 수학자. 전기와 자기를 통합해 전자기학을 정립했다. 뉴턴, 아인슈타인과 함께 고전물리학에 가장 크게 기여한 인물로 꼽힌다.

190쪽 **카를 슈바르츠실트(Karl Schwarzschild / 1873~1916)**
독일의 물리학자, 천문학자. 천체의 사진관측술을 개척하고, 은하 구조에 기초 자료를 제공했다. 무엇보다 아인슈타인의 일반상대성이론에서 블랙홀의 개념을 도출한 것으로 유명하다. 회전하지 않고 전하가 없는 블랙홀의 반지름을 '슈바르츠실트 반지름'이라고 부른다.

193쪽 **수브라마니안 찬드라세카르(Subrahmanyan Chandrasekhar / 1910~1995)**
인도 출신의 미국인 천체물리학자. 대표적인 업적으로 '백색왜성 연구'가 있다. 백색왜성이 가질 수 있는 최대질량인 '찬드라세카르 한계(태양질량의 1.44배)'를 발견했다. 이보다 무거운 질량을 가진 별이 수축해 블랙홀이나 중성자별로 변한다. '별의 진화 연구'에 관한 업적으로 윌리엄 알프레드 파울러와 함께 1983년 노벨물리학상을 수상했다. 1999년 NASA가 쏘아 올린 우주망원경(찬드라 엑스선 관측소)에 그의 이름이 붙었다.

194쪽 **존 휠러(John Archibald Wheeler / 1911~2008)**
미국의 이론물리학자. 젊은 시절 아인슈타인, 닐스 보어와 함께 연구해 상대성이론과 양자역학에 크게 기여했다. 리처드 파인먼, 킵 손 등의 저명한 학자들을 가르쳤다. 1967년 NASA 토론회에서 '블랙홀'이라는 말을 처음 사용했다. 우주는 무한히 존재한다는 다우주론을 제시했다.

208쪽 킵 손(Kip Thorne / 1940~)
미국의 이론물리학자. 일반상대성이론 등의 중력물리학과 천체물리학에 기여했다. '레이저 간섭계 중력파 관측소(LIGO)'를 통해 중력파가 존재한다는 것을 실험적으로 입증했다. 이 공로로 라이너 바이스, 배리 배리시와 함께 2017년 노벨물리학상을 수상했다. 영화〈인터스텔라〉의 자문으로 참여했다.

211쪽 셰퍼드 돌먼(Sheperd S. Doleman / 1967~)
미국의 천체물리학자. 하버드-스미스소니언 천체물리학 센터의 수석연구원. 세계 곳곳의 전파망원경을 연결한 '사건 지평선 망원경(EHT)' 프로젝트의 창립 멤버다. 이 망원경으로 사상 처음 블랙홀을 관측, 촬영하는 데 성공했다.

참고문헌

국내서
- 국립과천과학관, 《2023 미래 과학 트렌드》, 위즈덤하우스, 2022.
- 이명균 외, 《허블 망원경으로 본 우주》, 서울대학교출판부, 2000.

번역서
- 닐 디그래스 타이슨 외, 이강환 옮김, 《웰컴 투 더 유니버스》, 바다출판사, 2019.
- 로드리 에번스, 김충섭 외 옮김, 《빅퀘스천 천체》, 지브레인, 2017.
- 일본 뉴턴프레스, 《21세기 우주 탐사의 목표 화성 탐사의 시대》, 뉴턴코리아, 2013.
- 일본 뉴턴프레스, 《천문학 발전 400년》, 뉴턴코리아, 2014.
- 일본 뉴턴프레스, 《최신 우주탐사선이 포착한 화성과 토성》, 뉴턴코리아, 2007.
- 칼 에드워드 세이건, 홍승수 옮김, 《코스모스》, 사이언스북스, 2006.
- 킵 손, 전대호 옮김, 《인터스텔라의 과학》, 까치글방, 2015.
- 편집부, 《뉴턴 하이라이트 최신 태양계 대도감》, ㈜아이뉴턴, 2017.
- Hannu Karttunen 외, 강혜성 외 옮김, 《기본 천문학(제6판)》, 시그마프레스, 2019.
- Wallace H. Tucker, 김용기 외 옮김, 《판타스틱 유니버스》, 북스힐, 2020.

논문/칼럼/학술발표
- Adam G. Riess, et al., "JWST Observations Reject Unrecognized Crowding of Cepheid Photometry as an Explanation for the Hubble Tension at 8 sigma

Confidence", *arXiv* (2024): 2401.04773.
- A. I. Rivera, "Behavior of Organic Molecules in Aqueous Solution Exposed to Gamma Radiation: A Numerical Modeling Perspective", F3.2-0011-24, COSPAR 2024.
- Andrew J. Rushby, et al., "Habitable Zone Lifetimes of Exoplanets around Main Sequence Stars", Astrobiology 13 (2013): 833-849
- Atakan Tepecik, et al., "Frozen Frontiers: TRIPLE's AstroBioLab and the Quest for Extraterrestrial Life", B5.3-0003-24, COSPAR 2024.
- Claudia Pacelli, "Antartica as a reservoir of planetary analogue environments", B5.3-0001-24, COSPAR 2024.
- Emma Marris, "Earth's days are numbered", Nature (2013).
- Frank Postberg, et al., "Detection of phosphates originating from Enceladus's ocean", *Nature* 618 (2023) 489-493.
- Jun Kimura, et al., "A search for water vapor plumes on Europa using SUBARU/IRCS", B5.3-0005-24, COPAR 2024.
- Lia Medeiros, et al., "The Image of the M87 Black Hole Reconstructed with PRIMO", *The Astrophysical Journal Letters* 947.1 (2023).
- Nikku Madhusudhan, "The Hycean Paradigm in the Search for Life", B6.1-0010-24, COSPAR 2024.
- Paul A. Mason, et al., "The Galactic Habitable Zone: What Gaia has taught us", B6.1-0011-24, COSPAR 2024.
- Paul Byrne, et al., "Europa's Seafloor is Likely Mechanically Strong and Geologically Inert", B5.3-0011-24, COSPAR 2024.
- Philip T. Metzger, et al., "Moons are planets: Scientific usefulness versus cultural teleology in the taxonomy of planetary science", *Icarus* 374 (2022).
- Rohan P. Naidu, et al., "Two Remarkably Luminous Galaxy Candidates at $z \approx$ 10-12 Revealed by JWST", *arXiv* (2022): 2207.09434.
- Rosaly Lopes, et al., "The Habitability of Hydrocarbon Words: Titan and Beyond", B5.3-0007-24, COSPAR 2024.

- Ru-Sen Lu, et al., "A ring-like accretion structure in M87 connecting its black hole and jet", *Nature* 616 (2023): 686-690.
- "Mars Terraforming Not Possible Using Present-Day Technology", *NASA*, Jul. 30, 2018.
- "Hubble Sees Evidence of Water Vapor at Jupiter Moon", *NASA JPL*, Dec. 12, 2013.

웹사이트

- hubblesite.org
- jpl.nasa.gov
- nasa.gov
- space.com
- webbtelescope.org